Das Gesetz im Zufall

Moritz Cantor (1829 - 1920) ist vor allem durch sein Werk „Vorlesungen über die Geschichte der Mathematik" bekannt. Er war der erste Professor in Deutschland, der dieses Thema behandelte. Sein grundlegendes Werk gilt noch heute als eines der umfangreichsten Projekte zur Mathematikgeschichte. Zudem baute er als Mitherausgeber der „Zeitschrift für Mathematik und Physik" diese zur wichtigsten Zeitschrift für Mathematikgeschichte im 19. Jahrhundert aus. – Nach dem Mathematik-Studium und seiner Promotion mit der Arbeit „Ein wenig gebräuchliches Co-ordinatensystem" habilitierte er sich 1853 in Heidelberg mit „Grundzüge einer Elementar-Arithmetik". 1875 wurde er an der Universität Heidelberg Honorar-Professor und bliebt dort bis zu seiner Emeritierung. 1877 nahm ihn die Leopoldina als Mitglied auf. Die hoch angesehene „Deutsche Akademie der Naturforscher Leopoldina – Nationale Akademie der Wissenschaften" ist die älteste naturwissenschaftlich-medizinische Gelehrtengesellschaft und naturforschende Akademie der Welt.

Der Naturwissenschaftler Dipl.-Math. Klaus-Dieter Sedlacek, Jahrgang 1948, lebt seit seiner Kindheit in Süddeutschland. Er studierte neben Mathematik und Informatik auch Physik. Nach dem Studienabschluss 1975 und einigen Jahren Berufspraxis gründete er eine eigene Firma, die sich mit der Entwicklung von Anwendungssoftware beschäftigte. Diese führte er mehr als fünfundzwanzig Jahre lang. In seiner zweiten Lebenshälfte widmet er sich nun seinem privaten Forschungsvorhaben. Er hat sich die Aufgabe gestellt, die Physik von Information, Bedeutung und Bewusstsein näher zu erforschen und einem breiteren Publikum zugänglich zu machen. Im Jahr 2008 veröffentlichte er ein aufsehenerregendes und allgemein verständliches Sachbuch mit dem Titel „Unsterbliches Bewusstsein – Raumzeit-Phänomene, Beweise und Visionen". Er ist der Herausgeber der Reihe „Wissenschaftliche Bibliothek".

Dr. Moritz Cantor

Das Gesetz im Zufall

Neubearbeitung
von
Klaus-Dieter Sedlacek

Wissenschaftliche Bibliothek Bd. 11

Bibliographische Information Der Deutschen Bibliothek:
Die Deutsche Bibliothek verzeichnet diese Publikation in der
Deutschen Nationalbibliographie; detaillierte
bibliographische Daten sind im Internet über
http://dnb.ddb.de
abrufbar.

Neubearbeitung

Herstellung und Verlag:
BoD – Books on Demand, Norderstedt
ISBN 978-3-7534-6111-3

Inhaltsverzeichnis

Was ist Zufall?

Der philosophischste Dichter unseres, wie man wenigstens früher annahm, vorzugsweise philosophischen Volkes, Schiller hat seinem Wallenstein die Worte in den Mund gelegt:

> *Es gibt keinen Zufall. Und was uns blindes Ungefähr nur scheint, gerade das steigt aus den tiefsten Quellen.*

Ein wahres Wort, wenn auch nicht in dem Sinn wahr, welchen der von der zwingenden Allgewalt des Sterneneinflusses, von der weissagenden Kraft der Träume erfüllte Redner selbst ihm beilegt. Ein wahres Wort, sofern Zufall nichts anderes bedeutet als das Eintreffen eines Tatbestandes, ohne dass vorher Vorhandenes ihn notwendig machte.

Nein, so gibt es keinen Zufall. Der Hagelschlag, welcher ein Saatfeld trifft und die Hoffnungen des Landmannes zerstört, der plötzliche Tod eines Fürsten, eines Staatsmannes, der politische Verstrickungen unerwartet knüpft und löst, die Karte selbst in der Hand des Spielers, welche ihm gestattet, einen entscheidenden Stich an sich zu nehmen: Sie alle beruhen selbst wieder auf Voraussetzungen, auf Gründen, die der Eine unpersönlich eine Verkettung von Naturgesetzen, der Andere persönlichen unmittelbaren Eingriff eines außerweltlichen und überweltlichen Lenkers der Dinge nennen wird, aber der Eine würde die Stetigkeit der von ihm soeben anerkannten unverbrüchlichen

Gesetze vernichten, der Andere an der Allmacht und Allweisheit jenes höchsten Wesens sündigen, wenn sie behaupteten, ganz beliebig habe statt des Eingetretenen auch das Entgegengesetzte desselben sich ereignen können. Beide sind sie nicht befugt, von regelloser Willkür zu reden. Es gibt kein blindes Ungefähr, keinen blinden Zufall.

Und doch kennen wir keine einem gebildeten Volk alter wie neuer Zeit angehörende Sprache, welche des Wortes entbehrte für das, was soeben als nicht vorhanden bezeichnet wurde. Dieser Widerspruch erläutert sich aus der Neigung des Menschen, alles auf sich zu beziehen und rückwärts von sich aus die Welt der Erscheinungen zu modeln. Die Empfindungen, welche in uns vorgehen, werden nach außen verlegt. Wir nennen den Zufall blind, wenn unser geistiges Auge nicht bis dahin reicht, wo seine Wurzeln liegen. Setzen wir aber diese Schlussfolgerung fort, so führt sie uns dahin in der oben erklärten Worterklärung nur wenige Silben zu ändern, um völlig Erlaubtes auszusprechen, um das zu gewinnen, was Zufall genannt zu werden verdient. Statt Vorhandenes sagen wir Bekanntes.

Zufall ist das Eintreffen eines Tatbestandes, ohne dass vorher Bekanntes ihn notwendig machte.

Damit gewinnen wir zugleich sofort den Einblick in eine wichtige Veränderung, welche nicht selten eintritt. Was in einem weltgeschichtlichen Zeitraum Zufall, oder wenn es allzu sehr gegen die alltägliche

Gewohnheit verstieß, Wunder genannt wurde, verwandelt sich bei fortschreitender Erkenntnis in vollständig genau begründete, oftmals im Voraus zu bestimmende Ereignisse, und umgekehrt wird durch den gewonnenen wirklichen Zusammenhang manches vermeintliche Abhängigkeitsverhältnis zunichtegemacht.

Zufall wurde es Jahrhunderte lang genannt, wenn der Wind von Süd nach Südwest, von Nord nach Nordost umzuschlagen pflegte und nicht etwa die entgegengesetzte Veränderung eintrat. Da veröffentlichte Dove das nach ihm benannte Winddrehungsgesetz, und von Zufall redet niemand mehr, der von Witterungskunde auch nur den entferntesten Begriff hat.

Ein die Menschheit erschreckendes Wunder bildeten die zu verschiedenen Zeiten beobachteten Blutregen. Ehrenberg hat nachgewiesen, dass von Blut und Wunder dabei keine Rede sein kann, dass es mit einfachen, wenn auch nicht stets denselben Dingen dabei zugeht.

Konstantinopel wurde am 19. Mai 1453 von den Türken erobert. Am 12. Mai des folgenden Jahres fand eine vollkommene Mondfinsternis statt. Wieder zwei Jahre später 1456 erschien ein Komet weit sichtbar am Himmel. Niemand zweifelte an dem ursächlichen Zusammenhang dieser Ereignisse. Öffentliche Gebete wurden veranstaltet, Gott möge den Kometen und die Türken fernhalten. Der Komet war kein anderer als der gegenwärtig sogenannte Halleysche Komet mit fast genau 76-

jähriger Umlaufszeit, dessen Erscheinen 1835 von dem berühmten Königsberger Astronomen Bessel beschrieben worden ist. Es ist eine Himmelserscheinung, die sich 2061 mit gewohnter Pünktlichkeit wieder einstellen wird, voraus erwartet, niemand Furcht einjagend; und auch die Angst vor den Türken ist seitdem gewichen, außer etwa bei solchen, die unvorsichtig genug waren, dem durchlöcherten Staatssäckel derselben einen Teil ihres Vermögens anzuvertrauen. Dass aber zwischen dem Erscheinen eines Kometen und einem politischen Ereignis ein Zusammenhang überhaupt nicht stattfindet, diese Überzeugung hat sich nachgerade so sehr Bahn gebrochen, dass die entgegengesetzte Annahme Aberglaube gescholten wird.

Freilich werden nicht alle Meinungen mit diesem Namen belegt, die ihn verdienen. Kometenjahr und Weinjahr gilt noch an vielen Orten als gleichbedeutend, und ganz besonders fest auch in sonst gebildeten Kreisen haftet der Aberglaube von einem Zusammenhang zwischen Witterung und Mondwechsel. Das rührt daher, dass man es hier mit zwei Naturerscheinungen zu tun hat, dass eine einheitliche Auffassung des Weltganzen es uns näher legt, zwischen solchen eine gegenseitige Beziehung als beziehungslose Selbstständigkeit zu vermuten, und dass man mit so zum Voraus beeinflusster Beobachtung die seltenen Fälle des Zusammentreffens einer Witterungsveränderung mit einer neuen Mondphase wohl bemerkte, die unvergleichbar häufigeren Fälle des Nichtzusammentreffens außer

Acht ließ und ihnen entgegen das vereinzelt auftretende Nachher zu einem allgemeinen Weil umfolgerte. Der vorher genannte Bessel hat in 50-jähriger Beobachtungsreihe dieses einen vermeinten Zusammenhang leugnende Ergebnis der Witterungskunde über allen Zweifel erhoben[1]. Das zuletzt erwähnte Beispiel führt mich näher zu dem eigentlichen Gegenstand dieses Büchleins heran. Durch Jahre hindurch fortgesetzte Beobachtungen, sagte ich, sei ein naturwissenschaftlicher Satz außer Zweifel gebracht. Gewiss ist dieser Ausspruch für keinen Leser etwas Fremdartiges. Fremdartig klingt es uns auch nicht, wenn von statistischen Erhebungen die Rede ist. Jeder ist geneigt, selbst den Ausdruck zu gebrauchen, die Gesetze der Wahrscheinlichkeit lassen dieses oder jenes vermuten. Und wenn man nun unbescheiden genug wäre zu fragen: Was ist denn eigentlich Wahrscheinlichkeit?

Was ist Wahrscheinlichkeit?

Ich glaube nicht ganz Überflüssiges mir als Aufgabe gestellt zu haben, wenn ich die Beantwortung dieser Frage übernehme, wenn ich versuche, so weit es ohne mathematische Vorkenntnisse vorauszusetzen möglich ist, in die Anfangsgründe der sogenannten Wahrscheinlichkeitsrechnung und in die Deutung ihrer Ergebnisse einzuführen.

Wahrscheinlich nennt Aristoteles eine Behauptung, wenn dieselbe Allen, oder der Mehrzahl, oder den Vernünftigen, und zwar diesen wieder entweder Allen, oder der Mehrzahl von ihnen, oder doch den Weisesten derselben wahr zu sein scheint.

Diese Wahrscheinlichkeit ist nun noch gewaltig verschieden von der mathematischen Wahrscheinlichkeit, mit der wir es zu tun haben, bei der es nicht einzig auf die höheren der Gewissheit nahen Grade der Möglichkeit ankommt, sondern auf irgendwelche Grade der Möglichkeit bis an jene untere Grenze, wo sie zur Unmöglichkeit wird. Ihre Spur lässt sich in Europa nicht über das XV. Jahrhundert hinaus aufwärts verfolgen.

In einem Kommentar zu Dantes Göttlicher Komödie, der 1477 zu Venedig im Druck erschien, findet sich die Bemerkung, der Wurf 4 lasse sich mit drei Würfeln nur so erzielen, dass zwei Würfel 1 Auge, der dritte Würfel 2 Augen nach oben zeigen; der Wurf 3 fordere gar, dass alle drei Würfel 1 Auge oben haben; in ähnlich seltener Weise seien 17 und 18 mit drei Würfeln zu werfen, und deshalb nenne man diese Würfe azari. Der Sinn dieses Wortes bedeutet nämlich „schwierige Würfe", abgeleitet von dem arabischen asar schwierig, und azari selbst hat sich dann umgewandelt in Hasard, das französische Wort für Zufall überhaupt [2].

Im XVI. Jahrhundert begegnen wir Jean Borrel, der in seiner unter dem Schriftstellernamen Buttes veröffentlichten logistica die Aufgabe löste, alle mit vier Würfeln möglichen Würfe zu finden.

Aber noch ist der Begriff von der mathematischen Wahrscheinlichkeit nicht mit Bewusstsein aufgestellt; noch fehlt vor allen Dingen der Name. Dieser Fortschritt erfolgte 1654 und ist das Verdienst von Blaise Pascal [3]. Derselbe Schriftsteller, der anderthalb Jahre später in seinen Provinzialbriefen den Kampf gegen den Probabilismus führen sollte, ist der Erfinder der Probabilität. Schon hatte der Satz, der Pascals Namen führt, in der Geometrie die Bewunderung der Mathematiker erregt, seine Urheberschaft barometrischer Höhenmessungen und Witterungsbeobachtungen das Interesse auch der Laien wachgerufen, die sich bereits satirisch zuspitzende Polemik gegen Pater Noël die Lacher auf seine Seite gebracht, eine in Frankreich jederzeit besonders mächtige Partei, als er im Sommer 1654, eben 30 Jahre alt geworden und in Paris ein vermutlich etwas lockeres Leben führend, in die Hände eines berüchtigten Spielers des Chevaliers de Méré, geriet, in dessen Gesellschaft ihm nur allzu häufig Gelegenheit geboten wurde, die edlen Würfel und deren Gebrauch genau kennenzulernen und den Unterricht in dieser Kunst teuer zu bezahlen. Bei einer solchen Sitzung entspann sich nun die Frage, wie der Einsatz zwischen zwei Spielern zu teilen sei, welche eine auf mehrere Würfe sich ausdehnende Partie unterbrechen müssen, ohne dass einer von ihnen die zum Gewinn ausreichende Anzahl von ihm günstigen Einzelwürfen erreicht hätte.

Nehmen wir etwa ein bestimmtes, recht lehrreiches Beispiel, welches jedoch nicht dasjenige ist, über welches Pascal und de Méré in Streit gerieten. Nehmen wir an, sie hätten mit 3 Würfeln gespielt, jeder Wurf hätte einem der Spieler einen Strich eingetragen, und zwar sei derselbe Pascal gemacht worden, so oft die geworfene Augenzahl eine grade war, im entgegengesetzten Fall, bei ungrader Augenzahl, habe de Méré den Strich sich ankreiden dürfen. Den Gesamtumsatz von 40 Livres sollte einstreichen, wer zuerst 6 Striche hätte. Nun hätte Pascal deren 5, de Méré 3 gehabt, als sie abgerufen wurden. Wie sollten sie die 40 Livres teilen?

Wer diese Frage so obenhin und ohne genaue Erwägung aller ins Gewicht fallenden Umstände zu beantworten unternimmt, kann zu sehr verschiedenen Verhältniszahlen gelangen.

Man kann sagen, die Partie sei unentschieden, jeder nehme also seine 20 Livres zurück, welche er eingesetzt hatte. Freilich dürfte nicht leicht jemand die Unbilligkeit dieses Vorschlages verkennen, bei welchem die schon erzielten Teilgewinne für Nichts erachtet wurden, bei welchem gleichsam der im Wettrennen zum Vorrang Gelangte seinem zurückgebliebenen Mitspieler einfach gleichgestellt wird. Das geht nicht an, die beiden Spieler müssen, der eine zu einem größeren, der andere zu einem kleineren Teil ihren Anspruch geltend machen. Vielleicht soll die Teilung im Verhältnis der von jedem Spieler erzielten Striche stattfinden? Pascals Anteil musste sich zu dem von de Méré wie 5 zu 3 verhalten, Ersterer 5/8, Letzterer 3/8 der zu teilenden 40 Livres, d. h. also ersterer 25, Letzterer 15 Livres bekommen? Auch diese Auffassung ist irrig, weil sie nur die vollzogenen Würfe, nicht die zur Entscheidung notwendigen berücksichtigt. Es kommt ja beim Wettrennen nicht darauf an, wie weit jemand vom Ausgangspunkt, sondern wie nahe beim Zielpunkt er ist. Derselbe Vorsprung, etwa von einer Pferdelänge, hat eine ganz andere Wichtigkeit 10 Schritte vom Ziele entfernt, oder am Anfang der Rennbahn. Im ersten Fall sichert er nahezu den Gewinn, im zweiten Fall ist noch Raum genug für die überraschendsten Veränderungen in der Reihenfolge der Wettbewerber. Sollen demnach nur die noch fehlenden Striche in Rechnung kommen? Und wenn solches der Fall ist, sollen sie einfach in Gestalt einer umgekehrten Verhältnisrechnung zur Geltung gelangen? Soll Pascal, dem nur ein Strich fehlt, 3-mal so viel erhalten als de Méré, dem 3 Striche fehlen, also der Erstere 30 Livres, der Zweite 10 Livres? Fast möchten wir so entscheiden. Aber so einleuchtend dieses Teilungsverfahren im ersten Augenblicke erscheint, so ist es doch nicht richtig, sondern Pascal muss 35 Livres, de Méré nur 5 Livres heimtragen, wie wir jetzt nachweisen wollen.

Denken wir uns einen Augenblick, dass abgesehen von irgendwelchen Bedingungen oder Vorereignissen zwischen Pascal und de Méré 3 Spiele vorzunehmen gewesen seien, so leuchten 8 verschiedene Möglichkeiten des Erfolges ein. Erste

Möglichkeit de Méré gewinnt alle 3 Spiele; zweitens Pascal gewinnt sie sämtlich; ferner gibt es 3 Möglichkeiten dafür, dass de Méré 2 Spiele gewinnt und Pascal nur 1, welches eben das erste, zweite oder dritte der drei gespielten Spiele sein kann; und endlich gibt es ebenso viele, also wieder drei Möglichkeiten, dass Pascal 2 Spiele und de Méré nur 1 gewinnt. Treten nun die bekannten Voraussetzungen hinzu, so bietet nur der erste Fall dem de Méré Gewinn. Nur wenn das Glück ihn dreimal nacheinander begünstigt, wird er Sieger, die sieben anderen, von vornherein ebenso möglichen Fälle bevorzugen sämtlich Pascal. Würden alle 8 Möglichkeiten zur Austragung kommen und der Siegespreis jedes Mal 5 Livres betragen, so würde Pascal 7-mal gewinnend sich 35 Livres, de Méré sich nur 1-mal gewinnend 5 Livres aneignen. Bleiben alle Möglichkeiten bloße Möglichkeit, ohne dass eine sich tatsächlich zu erfüllen die Gelegenheit hat, so muss die Teilung allen gleichmäßig gerecht werden, sie muss den Verhältniszahlen 7 und 1 entsprechen; der Eine muss 35, der Andere 5 Livres erhalten.

Bin ich mit dieser Auseinandersetzung allgemein verständlich gewesen? Ich wünsche es sehnlich, aber ich fürchte, das Gegenteil wird der Wahrheit weit näherkommen, und könnte zum Trost derer, die sich den immerhin etwas verwickelten Gedankengang anzueignen nicht imstande waren, und zu meinem Trost, der ich nicht fähig war, die Sache noch klarer darzustellen, das Beispiel der ersten Beteiligten aufführen, welche sich über ihre Teilungsaufgabe nicht zu einigen vermochten. Pascal konnte de Méré nicht zur Anerkenntnis des theoretisch einzig wahren Verfahrens bringen, und wir würden unrecht daran tun, hierin nur Streitlust, die allerdings gewöhnlichste Untugend von Spielern, oder eigennütziges Versperren gegen die Wahrheit bei de Méré erkennen zu wollen. „Er ist, so schreibt darüber Pascal an Fermat, ein geistvoller Mann, aber er ist nicht Mathematiker, und das ist, wie Sie wissen, ein großer Fehler.

Dem Adressaten dieses Briefes war der gleiche Vorwurf nicht zu machen. Peter von Fermat, [4)] geb. im August 1608 in Beaumont de Lomagne, gest. 12. Januar 1665 in Castres, war, so einheimisch er auf den weitest entlegenen Gebieten sich fühlen mochte, vorzugsweise Mathematiker. Mag es nun die Geschichte der französischen Gerichtshöfe, der französischen Literatur sein, welche seine Tätigkeit im Parlament zu Toulouse, seine Gedichte in französischer, italienischer und lateinischer Sprache aufgezeichnet hat, seine Leistungen auf mathematischem Gebiet sind Eigentum der Menschheit und haben ihm mit vollem Rechte den Ruhm des geistvollsten Vertreters dieser Wissenschaft auf französischem Boden verschafft. Der einzige Tadel, den die Geschichte der Fortschritte des menschlichen Geistes gegen Fermat erheben könnte, ist der gleiche, welchen er selbst in einem Briefe an Roberval gegen sich ausspricht: „Ich zweifle nicht, dass die Sache der weiteren Glättung fähig gewesen wäre, aber ich bin der Faulste der Menschen." Und dieser in der Tat im Verhältnis zu seiner Genialität nicht sehr arbeitsfreudige Gelehrte ist gleichwohl der Mitbegründer der Rechnungsarten des Unendlichen, ist einer der eigenartigsten Forscher in den Geheimnissen der von jedem Rechnungsverfahren unabhängigen Eigenschaften der Zahlen, ist mit Pascal gemeinschaftlich der Erfinder der Wahrscheinlichkeitsrechnung geworden. In dem Briefwechsel der beiden finden sich Namen und Grundzüge dieser Wissenschaft mit dem Bewusstsein, dass es sich um ein Neues, um ein Bedeutsames handelt. Meine nächste Aufgabe muss es nun sein, die wichtigsten Begriffsbestimmungen dieser Wahrscheinlichkeitsrechnung zu entwickeln.

Ich habe gezeigt, dass bei einem Spiel, dessen Einzelheiten uns jetzt völlig gleichgültig sein können, 8 Möglichkeiten auftreten, von welchen 7 zu Gunsten des einen, 1 zugunsten des anderen Spielers den Ausschlag geben. In dem Verhältnis dieser Zahlen sagte ich weiter, habe die Teilung des Einsatzes zu erfolgen, Pascal also 7/8; und de Méré 1/8 der Summe zu empfangen. Diese Brüche, 7/8 und 1/8, nennt man nun seit Pascals Briefwechsel mit Fermat mit einem sich sehr bald allgemein einbürgerndem Kunstausdruck die mathematische Wahrscheinlichkeit des Gewinnes des einen und des anderen Spielers.

Sie wird erhalten, indem wir die Anzahl der überhaupt vorhandenen Möglichkeiten 8 zum Nenner eines Bruches wählen, dessen Zähler die Anzahl 7, beziehungsweise 1, der den betreffenden Spieler begünstigenden Fälle bildet. Das heißt:

Die mathematische Wahrscheinlichkeit eines Ereignisses wird erhalten, indem man die Anzahl der dem Eintreffen des Ereignisses günstigen Fälle durch die Anzahl der überhaupt möglichen Fälle teilt.

Die Wahrscheinlichkeit solcher Ereignisse, die einander ausschließen, und von welchen somit eines, aber auch nur eines, eintreten muss, ergänzen sich wie in unserem Beispiel 7/8 und 1/8 stets zur Einheit, woran wir im Folgenden noch zurückkommen werden.

Beispiele zur mathematischen Wahrscheinlichkeit

Wählen wir noch einige einfachere Beispiele, um des Begriffes der mathematischen Wahrscheinlichkeit recht Herr zu werden. Aus einem gewöhnlichen Whistspiel von 52 Karten (Kartenspiel abgeleitet von Bridge für 4 Personen mit französischem Blatt) lasse ich blindlings eine Karte ziehen. Wie groß ist die Wahrscheinlichkeit ein Ass zu ziehen? Die Anzahl der überhaupt möglichen Fälle ist dieselbe wie die der Karten 52, denn jede dieser Karten kann ja gezogen werden und eine von ihnen muss gezogen werden.

Günstige Fälle bieten sich bei dieser Aufgabe 4, weil 4 Asse vorhanden sind. Die Wahrscheinlichkeit irgendein Ass zu ziehen ist also 4/52 oder 1/13. Umgekehrt gibt es unter den 52 Karten 48, welche kein Ass sind. Die Wahrscheinlichkeit kein Ass zu ziehen ist 48/52 oder 12/13. Jede gezogene Karte muss ein Ass sein oder kein Ass sein, ein Drittes ist unmöglich; in der Tat ergänzen sich 1/13 und 12/13 zur Einheit.

Überall wo es sich um Karten, um Würfel und dergleichen handelt, also in den meisten älteren der Wahrscheinlichkeitsrechnung entnommenen Beispielen, bei welchen Vorbereitungen zu Glücksspielen fast dieselbe sich vordrängende Bedeutung haben wie die Frösche für die Laboratorien der Physiologie, fordert die Aussprache des Beispiels von selbst zum Eingehen von Wetten heraus. Das richtige Wettverhältnis wird stets durch die mathematischen Wahrscheinlichkeiten der einander ausschließenden Ereignisse geboten, für welche die Wettenden jeweils Partei ergreifen. Die Wette, aus einem Whistspiel blindlings kein Ass zu ziehen, darf demnach nach Billigkeit und Vernunft nur nach den Einsätzen 12 gegen 1 vorgeschlagen und angenommen werden. So will es die Wahrscheinlichkeitsrechnung, und wie Laplace einmal sagte: „Die Wahrscheinlichkeitsrechnung ist im Grunde Nichts anderes als der in Rechnung gebrachte gesunde Menschenverstand; sie lehrt dasjenige mit

Genauigkeit bestimmen, was ein richtiger Verstand durch eine Art von Instinkt fühlt, ohne sich immer Rechenschaft davon geben zu können."

Ich bleibe bei meinem Whistspiel und der blindlings zu ziehenden Karte. Wie groß ist die Wahrscheinlichkeit ein schwarzes Ass zu ziehen? Die Möglichkeiten überhaupt haben sich nicht verändert; 52 Karten sind es nach wie vor. Die günstigen Fälle dagegen haben sich auf die Hälfte verringert; nur 2 schwarze Asse sind im ganzen Whistspiel vorhanden. Die Wahrscheinlichkeit unseres Ereignisses ist also nur 2/52 oder 1/26, die des entgegengesetzten Ereignisses 50/52 oder 25/26. Hier muss 25 gegen 1 gewettet werden, dass man kein schwarzes Ass ziehe.

Beiläufig zeigt sich somit, dass das Wettverhältnis bei aller Abhängigkeit von der mathematischen Wahrscheinlichkeit sich nicht genau in demselben Maßstab wie Letztere ändert. Von den beiden nacheinander von uns berechneten Wahrscheinlichkeiten, 1/13 und 1/26 ist die Erste genau doppelt so groß als die Zweite, aber das eine Mal muss 12 gegen 1, das andere Mal nicht etwa 2 mal 12 oder 24 gegen 1, sondern 25 gegen 1 gewettet werden. Auch diese hat, wenn man die in unseren Auseinandersetzungen enthaltene überaus einfache Begründung kennt, so naturgemäße, eine so einleuchtende Wahrheit. Als unbegründet vorgetragenes Zahlenergebnis hat es für den Laien etwas recht Auffallendes. Und wirklich hat es in den ersten hundert Jahren der Geschichte der

Wahrscheinlichkeitsrechnung nicht an teilweise sehr lebhafter Polemik gegen ähnliche Behauptungen gefehlt. Auf einen auch nur andeutungsweisen Bericht über jene Streitigkeiten, bei welchen sogar ein d'Alembert sich auf irrigem Wege befand, muss freilich hier verzichtet werden.

Wieder ein Whistspiel in der Hand, frage ich nach der Wahrscheinlichkeit blindlings Pikass zu ziehen. Die Antwort lautet sofort, sie sei 1/52, weil unter den 52 angebotenen Karten sich nur 1 Pikass befindet.

Nun können wir aber rückwärts aus den kleineren Wahrscheinlichkeiten die größeren wieder aufbauen, als aus jenen zusammengesetzt. Ich meine so: Die Frage nach der Wahrscheinlichkeit irgendein Ass zu ziehen beantworten wir gewiss richtig, wenn wir sagen, sie setze sich zusammen aus der Wahrscheinlichkeit Pikass, Treffass, Coeurass oder Karoass zu greifen, weil jedes dieser Ereignisse unseren Wunsch irgendein Ass zu bekommen erfüllt. Jedes bestimmte Ass, das wurde zuletzt entwickelt, gelangt mit der Wahrscheinlichkeit 1/52 in die Hand des Ziehenden.

Die vier Wahrscheinlichkeiten der vier Asse vereinigen sich also zu 1/52 viermal genommen, d. h. zu 4/52 oder 1/13 wie vorher. Ganz natürlich! Gewiss. Aber mit diesem natürlichen Ergebnis haben wir den zweiten wichtigen Satz der Wahrscheinlichkeitsrechnung gefunden:

Die Wahrscheinlichkeit des Eintreffens irgendeines von mehreren Ereignissen setzt sich aus der Summe der Wahrscheinlichkeiten der einzelnen Ereignisse zusammen.

Ein anderes ist die soeben erörterte Zusammensetzung von Wahrscheinlichkeiten, ein anderes die Wahrscheinlichkeit eines zusammengesetzten Ereignisses, d. h. eines solchen, welches sich durch das Zusammentreffen mehrerer Einzelereignisse bildet, wenn also gefragt wird: Wie groß ist die Wahrscheinlichkeit nicht etwa dass Dieses o d e r Jenes, sondern dass Dieses u n d Jenes eintrete? Es seien z. B. zwei Würfel gegeben, jeder von sechs Flächen begrenzt, welche der Reihe nach mit 1 bis 6 Augen bezeichnet sind; wie groß ist die Wahrscheinlichkeit, mit diesen Würfeln 4 und 4 zu werfen? Ich behaupte 1/36, denn es gibt nur eine Art diesem Wunsch zu genügen, während im Ganzen 36 Würfe möglich sind. Jeder Würfel lässt nämlich für sich 6 Würfe zu, und da jeder Wurf des einen mit jedem einzelnen Wurf des anderen Würfels zusammen stattfinden kann, so vervielfachen sich die beiden Zahlen 6 mal 6 zu 36. Derselbe Bruch 1/36 ist aber auch das Produkt der Wahrscheinlichkeit mit dem rechts fallenden Würfel 4 zu werfen in die gleich große Wahrscheinlichkeit mit dem links fallenden Würfel denselben Wurf zu tun.

Es ist einleuchtend, dass es sich genau um die gleichen Zahlen handeln würde, wenn die Frage nach der Wahrscheinlichkeit gestellt wäre, mit einem Würfel zweimal nacheinander 4 zu werfen, da die einzige Veränderung der Auseinandersetzung darin bestände, dass man statt von einem rechts und einem links fallenden Würfel von einem ersten und einem zweiten Wurf zu reden hätte.

Ganz ähnlich berechnet sich die Wahrscheinlichkeit irgend sonstiger zusammengesetzter Ereignisse. Pikass aus dem ganzen Kartenspiel zu ziehen, besaß die Wahrscheinlichkeit 1/52. Wir können die Aufgabe in etwas veränderter Form uns vorlegen, jene nunmehr bekannte Auflösung hier zur Bewertung zu bringen. Wir können nämlich das Ziehen der Karte als Aufeinanderfolge von zwei Tätigkeiten auffassen, indem wir zunächst aus dem ganzen Spiel 4 Pakete von je 13 Karten bilden und dann ziehen lassen. Jetzt wird Pikass gefunden, wenn aus dem richtigen Paket, d. h. aus dem, welches eben Pikass enthält, die richtige Karte entnommen wird. Aus dem Paket von 13 Karten eine bestimmte zu greifen, hat die Wahrscheinlichkeit 1/13; unter 4 Paketen das richtige zu langen, hat die Wahrscheinlichkeit 1/4; und wenn ich 1/4 mal 1/13 nehme, bekomme ich in der Tat 1/52.

Oder um ein letztes Beispiel zu wählen, seien 2 Urnen vor uns. In der einen befinden sich 5 weiße, 3 schwarze. 1 blaue Kugel, in der anderen 3 weiße mit 12 schwarzen und 5 blauen Kugeln. Wie groß ist die Wahrscheinlichkeit aus beiden Urnen, in welche wir blindlings die Hände gesteckt haben, gleichzeitig weiße beziehungsweise schwarze, blaue Kugeln zu ziehen? Die erste Urne lässt 5 und 3 und 1, d. h. 9

verschiedene Möglichkeiten einer ergriffenen Kugel zu, die zweite 3 und 12 und 5, das ist 20. Jede Möglichkeit der ersten Urne vereinigt sich mit jeder der zweiten, im Ganzen sind also 9 mal 20 oder 180 Möglichkeiten vorhanden. Günstig unserem in erster Linie genannten Vorhaben, weiße Kugeln mit beiden Händen zu ziehen, sind 5 Kugeln der ersten, 3 der zweiten Urne. Auch hier wieder kann jede günstige Kugel der ersten Urne mit jeder günstigen Kugel der zweiten Urne zusammentreffen: 5 mal 3 vervielfachen sich zu 15 günstigen Fällen, und somit ist 5 mal 3 geteilt durch 9 mal 20 oder, was genau dasselbe gibt, 5/9 mal 3/20 d. h. 1/12 die gesuchte Wahrscheinlichkeit. Aber 5/9 und 3/20 sind die Wahrscheinlichkeiten aus jeder Urne für sich eine weiße Kugel zu ziehen, welche hier miteinander vervielfacht werden mussten. Nach demselben Verfahren entsteht die Wahrscheinlichkeit 3/9 mal 12/20 oder 1/5 zwei schwarze Kugeln; die Wahrscheinlichkeit 1/9 mal 5/20 oder 17/36 zwei blaue Kugeln zugleich zu ziehen. Allgemein also gilt die Regel:

> *Die Wahrscheinlichkeit eines zusammengesetzten Ereignisses entsteht durch die gegenseitige Vervielfachung der Wahrscheinlichkeiten der Einzelereignisse, welche zugleich stattfinden sollen.*

Hier schließt sich fast mit Notwendigkeit eine Bemerkung über die Größe der Brüche an, welche ich mathematische Wahrscheinlichkeit genannt habe. Mathematische Wahrscheinlichkeit, das kann nicht oft genug wiederholt werden, ist der Bruch, welcher entsteht, wenn die Zahl der einem Ereignis günstigen Fälle durch die Zahl der überhaupt möglichen Fälle geteilt wird. Die größte Wahrscheinlichkeit, d. h., Gewissheit ergibt sich, wenn alle Fälle günstig sind. Es ist gewiss, aus einer nur 10 schwarze Kugeln und keine Kugel von anderer Farbe enthaltenden Urne eine schwarze Kugel zu ziehen; es ist gewiss mit 3 Würfeln zwischen 3 und 18 Augen zu werfen u. dergl. Die Gewissheit entspricht somit der Zahl eins, denn 1 ist ja der Wert eines jeden Bruches, dessen Zähler und Nenner gleich groß sind. Im Gegensatz dazu entspricht die kleinste Wahrscheinlichkeit, die Unmöglichkeit, der Zahl Null als dem Wert eines jeden Bruches, dessen Nenner beliebig groß und dessen Zähler 0 ist, weil in der Tat unmöglich so viel heißt, als dass kein Ereignis unserem Vorhaben günstig sein kann. Unmöglich ist es mit einem Würfel 9 Augen zu werfen, aus einer nur schwarze Kugeln enthaltenden Urne eine blaue Kugel zu ziehen u. dergl. Alle anderen Wahrscheinlichkeiten, welche weder Gewissheit noch Unmöglichkeit bieten, bei denen es zwar günstige Fälle gibt, aber neben diesen auch ungünstige, müssen zwischen 0 und 1 liegen, echte Brüche sein, weil bei ihnen der Nenner größer ist als der Zähler. Jetzt wird es auch verständlich sein, warum sich diejenigen echten Brüche, welche Wahrscheinlichkeiten entgegengesetzter Ereignisse messen, zur Einheit ergänzen. Es ist ja gewiss, dass eines derselben eintreten wird! Der eine Spieler oder der andere muss gewinnen. Der Würfel muss grad oder ungrad fallen. Ein Ass oder kein Ass muss gezogen werden.

Mit einem echten Bruch vervielfacht, wird das Vervielfachte selbst verkleinert — 5/9 mal 3/20 oder 1/12 ist sowohl weniger als 5/9, als auch weniger als 3/20 — und so zeigt es sich, dass zusammengesetzte Ereignisse stets eine kleinere Wahrscheinlichkeit besitzen als die einzelnen Teilereignisse, eine um so kleinere je vielfältiger ihre Zusammensetzung ist. Es wird immer weniger wahrscheinlich keine 4 mit einem gegebenen richtig gearbeiteten Würfel zu werfen, je häufiger der Wurf wiederholt werden soll, und während die Wahrscheinlichkeit dieses Ereignisses bei einem Wurf 5/6, bei zwei Würfen noch 25/36 ist, sinkt sie bei zwölf Würfen fast auf 1/9 herab.

Der Einfluss der Wahrscheinlichkeit auf den Zufall

Wie verhält sich nun die Erfahrung zu den bisher ausgesprochenen Sätzen? Welches ist die praktische Bedeutung der Zahlen, welche wir theoretisch entstehen sehen? Ich sage, die Zahlen seien theoretisch entstanden und dieses Wort rechtfertigt sich, da es sich in sämtlichen bisher besprochenen Beispielen um ganz genau bekannte Vorbedingungen der Möglichkeiten handelte. Um mich noch deutlicher auszudrücken: Die Flächenzahl der Würfel und ihre Bezeichnung, die Anzahl der Karten und ihre Bemalung, die Anzahl der Kugeln in den Urnen und ihre Farbe, waren ganz bestimmt gegeben und mit ihnen auch die Anzahl der überhaupt möglichen Fälle. Ähnlich verhält es sich mit den in den einzelnen Beispielen als günstig bezeichneten Fällen. Alle diese Fälle selbst zu bilden, gibt es Vorschriften, welche man als einen Teil der Mathematik zu lehren pflegt, welche aber vielleicht ebenso gut als Abschnitt der allgemeinen Denklehre gelten dürften: Die sogenannte Kombinatorik, als wissenschaftlich zusammenhängend seit dem Jahr 1666 vorhanden, seit der Dissertation De arte combinatoria, über die Kunst des Kombinierens, mittelst welcher der 20-Jährige Leibnitz, der jugendliche Magister der Philosophie und Doktor der Rechte, den Keim zu einer allgemeinen Charakteristik, zu einer Universalsprache zu legen beabsichtigte. Der Erfolg blieb nicht aus, aber er war ein anderer, als Leibnitz ihn geplant hatte. Nicht der Sprache, nicht der Vereinfachung zwischenmenschlichen Verkehrs kam sein Versuch zugut, sondern zunächst der Wahrscheinlichkeitsrechnung, ähnlich wie seine Monadologie statt auf metaphysischem Gebiet, sich gleichfalls auf mathematischem, als Differenzialrechnung siegreich erweisen sollte. Die sämtlichen Kombinationen also, die sämtlichen Möglichkeiten lassen sich im Voraus a priori entwickeln und zählen. Unter ihnen treten ebenso a priori die dem zu untersuchenden Ereignis günstigen Fälle sofort hervor. Wieder im Voraus lässt sich so das Verhältnis der beiden Zahlen durch bloße Überlegung, durch geistiges Anschauen, das heißt eben durch Theorie berechnen, sodass man mit besonderem Kunstausdruck hier von der Wahrscheinlichkeit a priori redet, ermittelt, ohne dass man einen Würfel, ein Kartenspiel, eine Urne mit Kugeln zur Hand hätte. Jetzt greifen wir in Wirklichkeit zu diesen seither nur gedachten Bestandteilen unserer Aufgaben. Was zeigt sich daraufhin?

Die mathematische Genauigkeit ist sprichwörtlich. Wenn wir durch Hilfsmittel der Geometrie den Nachweis geliefert haben, zwei Räume von sehr verschiedenartiger Umgrenzung seien der Fläche nach gleich; wenn wir so diese Räume aus einem und demselben Stoff herstellen, überall gleich dick, um die Verwandlung der Fläche in einen Körper unschädlich zu machen, und die Waage zur Prüfung anwenden, so wird dieselbe einstehen und die Richtigkeit unserer Rechnung bestätigen. Wenn die theoretische Mechanik die Leistungsfähigkeit einer durch Dampf etwa bewegten Vorrichtung ermittelt hat, so wird der Versuch mit der Rechnung innerhalb selbst wieder zu berechnender Grenzen übereinstimmen müssen. Wenn, um ein schon benutztes Beispiel wiederholt in Anwendung zu bringen, die Astronomie mathematisch fand, dass der Halleysche Komet 2061 uns wieder sichtbar werden wird, so ist kein Zweifel gestattet, dass er sich auf den bestimmten Tag einstellen werde. Wenn wir nun a priori wissen, die Wahrscheinlichkeit mit einem Würfel 4 Augen zu werfen ist 1/6, wird sich auch hier die Erfahrung mathematisch genau mit der Theorie decken? Wird, wenn man einen vollständig gleichmäßig gearbeiteten Würfel in einem Becher schüttelt und nacheinander 6 Würfe tut, in der Tat jeder Wurf eine neue Fläche nach oben bringen, sodass jeder überhaupt mögliche Wurf einmal und nur einmal vorkommt? Wir können diese Frage um so sicherer mit Nein beantworten, als wenn wir auf sie selbst die Regeln der Wahrscheinlichkeitsrechnungen anwenden wollten, ihre Bejahung nur die Wahrscheinlichkeit 5/324, also wenig mehr als 1/65 besitzt.

Warum nun diese Nichtübereinstimmung des Ereignisses mit der Rechnung, durch welche wir uns allgemein weit weniger überrascht fühlen, als wir es sein sollten?

Weil eben hier das vorhanden ist, was wir Zufall nannten, weil neben den bekannten Bedingungen, welche in der Gestalt und der Bezeichnung des Würfels gegeben sind, noch so und so viele andere uns unbekannte Bedingungen in Wirksamkeit treten. Die Art, wie der Würfel in den Becher gelangt, wie der Becher geschüttelt wird, die Unebenheiten an der inneren Fläche des Bechers, an welche der Würfel anstreift, die Geschwindigkeit, mit welcher sich der Würfel am Rand des Bechers losreißt, der Widerstand der selten ganz ruhigen Luft, das sind so einige von den Bestandteilen, die gemeinschaftlich den großen Unbekannten, die den Zufall des Wurfes bilden.

Wollte man aber mit Fragen fortfahrend auch darüber Rechenschaft verlangen, wie sich die Sache dann verhalten würde, wenn alle jene kleinen Einflüsse entfernt wären, so lautet die Antwort hieraus sehr einfach. Dann würde sich die Sache gar nicht verhalten! Ohne Hineinbringen des Würfels in den Becher, ohne Schütteln, ohne Werfen gibt es keinen Wurf, lässt sich also die Art des Wurfes so wenig besprechen, als wenn jemand wissen wollte, welches Wetter sein würde ohne Wärmestrahlung, ohne Luftströmungen, ohne Verdunstung, ohne Elektrizität, kurzum welches Wetter sein würde, wenn es gar kein Wetter gäbe.

Es ist vorauszusehen dass durch diese Anweisung des Wurfes an sich, wie man mehr phrasenhaft als sinnerfüllt jene sich selbst widersprechende Voraussetzung nennen möchte, die vorher vielleicht zu hochgespannten Erwartungen über die praktische Bedeutung der Wahrscheinlichkeitsrechnung in ihr Gegenteil umschlagen möchten. Wenn der Zufall alles ist, was bleibt dann der Wahrscheinlichkeit übrig? Ihr bleibt übrig das Gesetz zu sein:

> *Die Wahrscheinlichkeit ist das Gesetz im Zufall.*

Das Gesetz der großen Zahlen

Zwischen Pascal und Fermat entstand 1654 die Wahrscheinlichkeitsrechnung. Der Briefwechsel beider wurde 1679 gedruckt. Schon vorher hatte der

Holländer Christian Huyghens Andeutungen erhalten und infolge derselben 1657 Untersuchungen über das Würfelspiel veröffentlicht [5]. 1666 hat mit Bezug auf eine Aufgabe ähnlicher Natur ein anderer berühmter Holländer Baruch Spinoza[5], einen seiner ziemlich glücklichen Streifzüge auf das mathematische Gebiet unternommen. Das erste Lehrbuch der Wahrscheinlichkeitsrechnung verfasste Jakob Bernoulli, der große Basler Gelehrte, der Älteste eines Geschlechtes von Mathematikern, welches die Erfindungsgabe in den schwierigsten Fragen der Wissenschaft in Erbpacht genommen zu haben schien. Jakob Bernoulli starb 1705. Aus seinem Nachlass gab der Neffe Nikolaus Bernoulli 1713 die Ars conjectandi, die Kunst der Vermutung, im Druck heraus, ein leider unvollendet gebliebenes, aber selbst in seiner des Abschlusses mangelnden Gestalt unsterbliches Meisterwerk. In ihm hat Jakob Bernoulli den mathematischen Beweis für einen Lehrsatz geliefert, der ihn, wie er selbst sagt, 20 Jahre lang beschäftigt hat [7], und der sich in folgenden Worten etwa ausspricht:

> *Bei Häufung von Beobachtungen heben sich die zufälligen unbekannten Bestimmungsgründe gegenseitig auf, und das Ergebnis stimmt umso näher mit der Berechnung nach den Grundsätzen der Wahrscheinlichkeitsrechnung überein, als die Häufung der Beobachtungen selbst ins Ungemessene zunimmt.*

Die Wahrscheinlichkeitsrechnung besitzt also keinerlei Wert für einen bestimmten einzelnen Fall, ist dagegen zuverlässig als Durchschnittsrechnung.

Dieses Gesetz, das Gesetz der großen Zahlen, wie es seit Poisson [8] gemeinhin genannt wird, ist das Gesetz im Zufall. Der durch Jakob Bernoulli zuerst geführte, durch Andere mehrfach wiederholte Beweis desselben, ist so unanfechtbar, wie nur irgendein Satz der angewandten Mathematik, und ihm fehlt auch die Bestätigung durch die Erfahrung nicht mehr, nachdem man gelernt hat, die Frage in richtiger Weise zu stellen.

Von hervorragendem Verdienst in der Wahrscheinlichkeitsrechnung war Karl Friedrich Gauß, einer der größten, vielleicht der größte Mathematiker des 19. Jahrhunderts. Seine 1809 veröffentlichte Erfindung der Methode der kleinsten Quadrate [9], in welcher der Vorrang ihm vergeblich zugunsten von Legendre streitig gemacht worden ist, und die den Beobachtungswissenschaften eine vorher nie gekannte Sicherheit der Berechnungen verschaffte, gehört diesem Abschnitt der Mathematik an. Gerade in seinen Vorlesungen über diese Methode der kleinsten Quadrate pflegte Gauß zu erzählen, wie er in einem auffallenden Beispiel die Prüfung der Ergebnisse der Wahrscheinlichkeitsrechnung durch die Erfahrung vorgenommen habe. In Göttingen, wo er von 1807 bis zu seinem 1855 erfolgten Tod der Sternwarte vorstand, hatte er lange Zeit die Gewohnheit, allabendlich mit denselben drei Freunden

Whist zu spielen und notierte einige Jahre hindurch, wie viele Asse jeder Spieler in jedem Spiel hatte. Es zeigte sich, dass nahezu übereinstimmend oft ein jeder von ihnen kein Ass, 1, 2, 3 und 4 Asse gehabt hatte, und dass diese einzelnen Anzahlen untereinander auch das von der Wahrscheinlichkeitsrechnung vorgeschriebene Verhältnis boten.

Dass dazu jahrelanges Notieren erforderlich ist, und es nicht etwa genügt, an einem oder ein Paar Abenden den Versuch anzustellen, das kann auch ohne den mathematischen Beweis des Bernoullischen Gesetzes, durch die, man darf wohl sagen unendlich große Anzahl der überhaupt möglichen, voneinander verschiedenen Whistspiele erläutert werden, welche sich auf 53—54 Tausend Quintillionen beziffert. Da der Sinn für so große Zahlen uns zu mangeln pflegt, so ist es wohl am Platze, durch Einführung einer größeren Einheit eine Verdeutlichung anzubahnen. Seit dem Jahr 1392 etwa hat das Kartenspiel weitere Verbreitung gefunden. Denken wir seit jener Zeit 200 Millionen Menschen, reichlich die Durchschnittsbevölkerung von Europa, Tag und Nacht anhaltend mit Kartengeben beschäftigt, sodass jedes Austeilen nebst dem vorangehenden Mischen nur 2 Minuten in Anspruch nehmen soll. Die kleinen Notwendigkeiten, als Essen, Trinken, Schlafen bleiben so wichtiger Beschäftigung gegenüber ganz außer Betracht. Außerdem soll sich seither niemals ein Spiel wiederholt haben. Somit verhält sich die Zahl der so vorgekommenen Spiele zu der der überhaupt möglichen, wie 1 zu 2663 Milliarden.

Das Gesetz der großen Zahlen belehrt uns also über die Art und Weise, in welcher die Natur die Werte der sogenannten Wahrscheinlichkeit a priori (ohne Basis der Erfahrung) zur Erscheinung bringt; aber es tut mehr als das. Es lässt uns auch eine Wahrscheinlichkeit a posteriori (Gegensatz zu a priori, d. h. auf der Basis der Erfahrung) erkennen, bei welcher sich die praktisch wichtigsten Folgerungen ergeben.

Denken wir uns eine Urne und in derselben eine beträchtliche Anzahl von Kugeln, etwa 6000, enthalten, von welchen 1000 schwarz, 2000 weiß, 3000 blau gefärbt sein mögen. Die Wahrscheinlichkeit, blindlings eine Kugel von bestimmter Farbe herauszuziehen, ist hier a priori für jede der drei Farben durch das Verhältnis der Anzahl solcher Kugeln gegeben, und somit für die schwarzen Kugeln 1/6, für die weißen 2/6 oder 1/3, für die blauen 3/6 oder 1/2. Zieht man etwa 1200 Mal nacheinander, wobei selbstverständlich die gezogene Kugel jedes Mal wieder in die Urne hineinkommt und jedes Mal genügend geschüttelt wird, so steht nach dem Gesetz der großen Zahlen zu erwarten, dass beiläufig 200, 400, 600 schwarze, weiße, blaues Kugeln herauskommen. Der angestellte Versuch möge uns in der Tat 199 statt 200 schwarze, 405 statt 400 weiße, 596 statt 600 blaue Kugeln geliefert haben. Nun trete ein unbefangener

Dritter hinzu, welchem die Versuche und ihr Ergebnis mitgeteilt werden, welcher aber über den ursprünglichen Tatbestand selbst, d. h. über die in der Urne wirklich vorhandenen Kugeln gar nichts weiß, dem also das Ziehen einer Kugel irgendwelcher Farbe reiner Zufall ist. Er wird das Gesetz der großen Zahlen zum Rückschluss auf das Verhältnis der in der Urne vorhandenen Kugeln verwerten, und wenn wir vorhin für die zu ziehenden Kugeln im Voraus das Verhältnis 1 zu 2 zu 3 ankündigten, so wird sein nach der Hand erzielter Schluss dahin lauten, die in der Urne vorhandenen Kugeln der drei Farben werden sich wie 199 zu 405 zu 596 verhalten. Er wird sich aber damit nicht begnügen. Vorausgesetzt, dass eine genügend ausgedehnte Versuchsreihe vorliege, um das Gesetz der großen Zahlen als erfüllt betrachten zu können, wird er seinen den Versuchen entnommenen Zahlen die Kraft absoluter Wahrheit beilegen, und so darf er und wird er weiter folgern, dass sich eine genügend lang fortgesetzte Wiederholung der Versuche nach denselben Verhältniszahlen auf schwarze, weiße und blaue Kugeln verteilen werde.

Mit anderen Worten, der von Jakob Bernoulli zuerst bewiesene mathematische Lehrsatz enthält die zweifellose Bestätigung des stets im gewöhnlichen Leben angewandten Schlussverfahrens:

Es werde sich, wenn nicht neue be-
stimmende Momente hinzutreten, eine
Reihe von Ereignissen, welche hinläng-
lich oft beobachtet worden sind, auch
weiter wiederholen.

Das ist ein Schlussverfahren, welches unabhängig ist von der Kenntnis der wirklichen Ursachen jener Ereignisse, welches deshalb jene Ereignisse in dem allein zulässigen Sinn des Wortes als zufällig bezeichnen darf, und welches in der Wissenschaft den Namen der Wahrscheinlichkeitsrechnung a posteriori erhalten hat. Die Wahrscheinlichkeit künftiger Ereignisse wird nicht schlechtweg im Voraus bestimmt, sondern erst hinterher, nachdem eine nicht unerhebliche Zukunft bereits zur Vergangenheit geworden ist. Auf dieser Wahrscheinlichkeit a posteriori hat sich selbst eine ganz eigene Wissenschaft gründen lassen, die Statistik.

Die Manifestation verborgener Gesetzlichkeit

Es wäre unverantwortlich, wenn nicht über einige hier auftretende Fragen ein Orientierungsversuch angestellt würde, in so engen Schranken man sich auch bei der Unermesslichkeit des nach allen Seiten hin öffnenden Gebietes zu halten haben wird. Können wir doch das eigentliche Gebiet so gut wie nicht betreten und müssten uns begnügen, von der Grenze aus Blicke nach einigen wenigen Richtungen hinaus zu senden. Lassen wir zuerst einen Punkt der Bevölkerungslehre zum Augenmerk wählen, wenden wir uns sodann in wenigen Beispielen zu der Auffindung regelmäßig wirkender Ursachen aufgrund der Wahrscheinlichkeitsrechnung und schließen wir mit einem Hinweis auf das von der Wissenschaft in neuerer Zeit gewonnene Arbeitsfeld, die Moralitätsstatistik.

In allen gebildeten Ländern gibt es sogenannte Standesbücher, in welche Geburten und Todesfälle verzeichnet werden, am zuverlässigsten da, wo die gesamte Standesbuchführung einer und derselben Stelle anvertraut ist und keine Zersplitterung in getrennte Listen die Gefahr der Irrtümer vergrößert. Außerdem pflegen in den meisten Ländern zu bestimmten Zeiten Volkszählungen gemacht zu werden, deren letzte in Deutschland am Stichtag 9. Mai 2011 stattfand. Wenn auch die Zwecke, zu welchen alle diese Listen verwertet zu werden pflegen, der mannigfaltigsten Natur sind und alle Gebiete des Familienrechtes, des Besteuerungswesens, der Wehrpflicht u. s. w. berühren, so kann doch für eine nicht unerhebliche Zahl von Fragen, welche bei der Volkszählung an jeden Einzelnen gestellt werden, kein solcher bürgerlicher oder staatlicher Zweck zur sofortigen Begründung dienen. Wozu brauchen die Leute im statistischen Amt in Berlin zu wissen, in welchem Jahr ich geboren bin? Diesen Ausruf konnte man zur Zeit der Volkszählung aus manchem Mund, und nicht selten aus recht schönem Munde vernehmen. Die Wahrscheinlichkeitsrechnung ist es, welche dieser Zahlen bedarf, um aus ihnen weit mehr herauszulesen, als auf den ersten Anblick darin zu stehen scheint. Zahlenschreiben ist Handwerk, Zahlenlesen Geisteswerk.

Nehmen wir einmal an, was freilich nicht wahr ist, wofür aber nachträglich Verbesserungen eintreten, deren eine uns hier zu beschäftigen hat: Die Bevölkerung eines Landes bleibe unverändert gleich, sei stationär, wie der Kunstausdruck lautet. Jährlich komme dieselbe Anzahl von Geburten vor, dieselbe ihr gleiche Anzahl von Todesfällen stets über gleiche Altersklassen der Verstorbenen verteilt, und sämtliche Geburten wie sämtliche Todesfälle fänden zu gleicher Zeit am Schluss des Jahres statt. Somit genügt, wie Edmund Halley, der Berechner des nach ihm benannten Kometen und Begründer der mathematischen Sterblichkeitstheorien, 1693 gezeigt hat [10], die Totenliste eines einzigen Jahres, um die Bevölkerungszahl theoretisch zu berechnen. Es seien beispielsweise 10.000 Menschen in dem der Beobachtung unterworfenen Gebiet in dem einen Jahre, dessen Totenliste man besitzt, gestorben. Nach unserer Voraussetzung stehen ihnen gleich viele, also auch 10.000 Geburten gegenüber, und nach einem anderen Teil unserer Voraussetzung verhielt es sich ebenso seit Menschengedenken. Unter den 10.000 Verstorbenen mögen sich 3226 Kinder von 1 Jahr befinden. Sie gehören zu den 10.000 vor einem Jahr Geborenen, von welchen folglich noch 6774 am Leben sind, und allgemein können wir sagen, von 10.000 Neugeborenen überleben 6774 das erste Jahr. Dieser Wert ist der

Statistik des Jahres 1875 entnommen. Ferner mögen sich unter den 10.000 Verstorbenen 462 Kinder von 2 Jahren befinden. Es ist klar, dass dieselben zu den 10.000 vor zwei Jahren Geborenen gehören, von denen nach Jahresfrist, d. h. jetzt vor einem Jahr noch 6774 am Leben waren. Zieht man die 462 zuletzt Verstorbenen ab, so bleiben 6312 Kinder von zwei Jahren, die heute leben, und allgemein überleben von 10.000 Neugeborenen 6312 das zweite Jahr. Ich will den Gedanken noch an einem weiteren Jahrgang entwickeln. Es mögen unter denselben 10.000 Verstorbenen 219 Kinder von 3 Jahren sich befunden haben. Ihre Geburt fand vor 3 Jahren statt. Von den damals Geborenen waren nach zwei Jahren, d. h. wieder jetzt vor einem Jahr 6312 am Leben, davon ab 219, bleiben 6093 Kinder von drei Jahren als Teil der gegenwärtigen Bevölkerung. Zugleich gilt der Satz, dass von 10.000 Neugeborenen 6093 das dritte Jahr überschreiten. In Bezug auf die Bevölkerung lehrt uns somit unsere für die ersten drei Lebensjahre ausführlich erörterte Schlussfolge, dass dieselbe in jenen niederen Altersklassen bestehen muss: Aus 10.000 Neugeborenen, aus 6774 Einjährigen, aus 6312 Zweijährigen, aus 6093 Dreijährigen, dass also zusammen 29.179 Kinder unter 4 Jahren leben. Ähnlich lässt sich die Rechnung über alle Altersklassen wegführen bis zur höchsten, die an dem betreffenden Ort überhaupt noch Lebende in sich schließt, also etwa bis zum 100sten Jahr.

Jetzt tritt die Volkszählung ein, welche uns gestattet, die berechnete Liste der Bevölkerung mit der wirklich vorhandenen, Theorie und Praxis miteinander zu vergleichen. Es kann niemand überraschen, dass die Zahlen um so weniger stimmen, ein je höheres Lebensalter verglichen wird, dass vielmehr bei diesen höheren Altersklassen die Theorie stets eine erheblich größere Zahl liefert, als ihr in Wirklichkeit angehören. Der Grund davon ist leicht einzusehen. Die Bevölkerung ist nämlich nicht stationär, sie nimmt gegenwärtig in den meisten Ländern noch regelmäßig zu, und zwar dadurch, dass der Geburten alljährlich mehr sind als der Todesfälle. Wenn nun die Geburten einen bestimmten Prozentsatz der Bevölkerung bilden, so müssen der niedrigeren Zahl der Bevölkerung weniger Geburten entstammen, und um 1820 beispielsweise, einem Zeitraum, zu welchem in Deutschland die Bevölkerung ziemlich genau halb so groß war wie 1875, wurden statt 10.000 nur 5000 in einem Jahr geboren. Die 53 Verstorbenen von 60 Jahren, welche die Totenliste von 1875 zeigt, bilden also nicht die Anzahl, welche unter 10.000 Neugeborenen in diesem Alter gestorben wären, sondern nur unter 5000. Bei verdoppelter Zahl der Geburten müssen wir die Zahl der Verstorbenen gleichfalls verdoppeln. Wir ziehen somit, wenn wir die Zahlen der Totenliste unverändert lassen, 53 ab, wo wir 106 abziehen sollten, und erhalten somit einen zu großen Rest von theoretisch noch Lebenden. Kennen wir dagegen die Zahl der Geburten eines jeden Jahres, so sind wir imstande, aus der einen wirklichen Totenliste durch nachträglich vorgenommene Vergrößerung der Zahlen in der soeben angedeuteten Weise eine ideale Totenliste herzustellen, wie ich diese verbesserte Liste nennen möchte, eine Liste, welche uns eine stationäre Bevölkerung, wenigstens in Bezug auf die stets gleiche Zahl der Geburten und der Todesfälle versinnlicht und zur Herstellung der tatsächlichen Bevölkerung nach den Halleyschen Vorschriften führt.

In der Wirklichkeit dreht sich nun die Sache meistens um. Wir kennen die nach dem halleyschen Prinzip errechnete Anzahl von Menschen eines gewissen Alters. Wir kennen auch die tatsächlich vorhandene Anzahl der in diesem Alter stehenden. Aus beiden Zahlen können wir nach Methoden, welche der Hauptsache nach von Leonhard Euler herstammen, der zuerst die Zinseszinsrechnung auf die menschliche Bevölkerung und ihre Zunahmen verwandte[11], berechnen, wie viele Geburten damals stattfanden, als jene Altersklasse in der Wiege lag, d. h. jene Zahl 5000, welche ich vorher als erfahrungsmäßig gegeben annahm.

Ist jene Annahme gerechtfertigt, besitzen wir so weit zurück durchaus zuverlässige Geburtslisten. Zu viel Kontrolle, ein zu hoher Grad von Zuverlässigkeit lässt sich bei Dingen so wichtiger Natur gar nicht erreichen. Man erwäge nur, dass es sich bei der ganzen angestellten Rechnung weit weniger um die Bevölkerung und ihre Bewegung handelt — die würde man aus wiederholten Volkszählungen ohne irgendwelche Altersangaben mit vollständig hinreichender Genauigkeit erkennen — als um die Sterblichkeit der Menschen.

Wissen wir erst, dass von 10.000 Neugeborenen so viele nach 1, so viele nach 2, 3, 4 u. s. w. Jahren sterben, so erhalten wir durch Vereinigung der Lebensjahre, welche jeder dieser Neugeborenen bis zu seinem Tod verbrachte und durch Teilung durch 10.000 die mittlere Lebensdauer Aller. Wir erhalten ferner die wahrscheinliche Lebensdauer der Menschen in einem beliebigen Alter durch Be-fragung unserer idealen Totenliste um die Zeit, nach welcher genau die Hälfte der in der fraglichen Altersklasse vorhandenen Menschen weggestorben sein werden. Solcher Art sind die Gegenstände unseres Wissensdurstes. Schon den Römern schienen solche Fragen der Beantwortung würdig und der Beantwortung fähig, wie aus einer Pandektenstelle zu der sogenannten Lex Falcidia hervorgeht [12]. Seit Erfindung der Wahrscheinlich-keitsrechnung richtete darauf zuerst Jan de Witt 1671 seine Aufmerksamkeit [13]. Und in der Tat ist es nicht eine müßige Neugier, welche solche Fragen stellt. Auf ihrer Befriedigung beruht das ganze System der Lebensversicherungen, der Renten-An-stalten u. s. f. in einer Ausdehnung, welche ihrer Wichtigkeit ebenbürtig ist, und welche es zum Schutz der Interessen von Tausenden und aber Tausenden Witwen und Waisen mit Notwendigkeit erheischt, die Grundmauern so unerschütterlich als möglich auszubauen. Der Kitt aber, welcher denselben als Bindemittel dient, ist nichts anderes, als das Gesetz im Zufall, als das Gesetz der großen Zahlen, als die Zuversicht, eine durch Beobachtungen über Millionen von Menschen gewonnene Verhältniszahl werde die Folge von unverbrüchlichen, wenn auch in den meisten Fällen uns unbekannten Natur- oder Gesellschafts-Gesetzen sein.

Wie aber, wenn einmal eine erfahrungsmäßige Verhältniszahl für irgendwelche Erscheinungen gewonnen wurde und nun eine selbstverständlich wieder hinreichend ausgedehnte Beobachtungsreihe eine Abweichung von dem an allen anderen Orten zutreffenden Zahlengesetz zeigt? Zufall sagt man somit wieder. Wohl! Wird aber auch der Mann der Wissenschaft sich damit begnügen? Ist er nicht der naturgemäße Feind des Zufalls? Die Wissenschaft will und soll fortschreiten, sie will und soll Unbekanntes erforschen. Nennen wir Zufall das Eintreffen eines Tatbestandes, ohne dass vorher Bekanntes ihn notwendig machte; so dürfen wir hinzufügen: Wissenschaft heißt den Zufall vernichten. Diese Vernichtung kann sich aber entweder aus einem Schlag oder stückweise vollziehen. Es können plötzlich die sämtlichen Teile eines Ereignisses, oder doch wenigstens die wesentlichen Teile desselben, durch die erkannte Grundlage gesichert werden, oder es kann so viel geleistet werden, dass das Vorhandensein besonderer, vielleicht nebensächlicher Gründe den gegebenen Tatsachen abgerungen wird, während in der Hauptsache die alte

Unsicherheit, der Zufall, Sieger bleibt. So ging es am Ende des 18ten und Anfang des 19ten Jahrhunderts bezüglich des Verhältnisses der Knaben- und Mädchengeburten in Paris.

Alle Fragen, welche sich auf die Geburt des Menschen beziehen, gehören zu den rätselhaftesten und entziehen sich schon dadurch der eingehenden Besprechung, selbst wenn ihrer Behandlungsfähigkeit in dieser Schrift nicht aus anderen Gründen die engsten Grenzen gesteckt wären. Eine von den wenigen feststehenden Tatsachen ist die, dass die männlichen Geburten gegenüber den weiblichen überwiegen, und zwar durchgängig in dem Verhältnis von 17 zu 16. Diese Zahlen sind durch weitverbreitete langjährige Beobachtungen erhalten[14], welche bis auf die Untersuchungen eines Engländers, John Graunt, im Jahr 1666 zurückgehen[15]. „Vor diesem war es, so sagt Süßmilch, ein deutscher Schriftsteller aus der Mitte des 18ten Jahrhunderts, noch keinem Mann aufgefallen, dass jeder eine Frau bekomme." Freilich möchte ich hinzusetzen, ergreift die Natur nach der Geburt für das sogenannte schwächere Geschlecht Partei und rafft in den beiden ersten Lebensjahren einen so viel größeren Bruchteil der Knaben als der Mädchen dahin, dass vom Alter von zwei Jahren an die weibliche Bevölkerung über die männliche in der Mehrheit ist. Am Ende des 18ten Jahrhunderts war die Mehrzahl der Knabengeburten bereits eine der

Wissenschaft erworbene Kenntnis, wenn auch das Verhältnis 17 zu 16 erst in neueren Werken ermittelt worden ist.

Wie Regelwidrigkeiten zu Entdeckungen führen

Laplace, der Verfasser eines durch Anwendung neuer mathematischer Kunstgriffe und Erfindungen in vielen Beziehungen bahnbrechenden Werkes über Wahrscheinlichkeitsrechnung, zog die Geburten von 30 Departements in Frankreich aus den Jahren 1800, 1801 und 1802 zu Rate[16], wobei diejenigen Gegenden allein berücksichtigt wurden, in welchen die Verwaltung so gut eingerichtet war, dass man von dort her vertrauenswürdiger Aufzeichnungen gewärtig sein durfte. Er erhielt 110.312 Knaben, 105.287 Mädchen, also fast genau 22 Knaben auf 21 Mädchen. Ausgeschlossen war von diesen Zahlen die Geburtsliste von Paris. Diese, oder vielmehr die Tauflisten aus den Jahren 1745 bis 1784, welche allein für Laplace zugängig waren, lieferten 393.386 Knaben, 377.555 Mädchen, auch wieder mehr Knaben als Mädchen, aber nur im Verhältnis von 25 zu 24. Ist es nun wahrscheinlich, so fragte sich Laplace, dass die Verschiedenheit der beiden Verhältnisse auf beliebig veränderliche und deshalb um so schwerer zu ermittelnde Veranlassung hin eintrat, oder ist vielmehr anzunehmen, dass ein besonderer örtlicher Grund für diese Verschiedenheit vorhanden ist, der sich nicht ohne Weiteres beliebig ändern wird, sondern auch in Zukunft maßgebend bleibend unsere Nachforschung herausfordert?

Mittelst seiner mathematischer Analyse, deren Wesen ich freilich auch nicht annähernd hier schildern kann, ohne Begriff und Eigenschaften der sogenannten erzeugenden Funktion in einem Grad als bekannt vorauszusetzen, wie es kaum bei Fachgelehrten zutreffen möchte, fand Laplace, dass man 238 gegen 1 für das Vorhandensein eines besonderen Grundes der angeführten Tatsache wetten könne.

Nun suchte er diesen Grund zu ermitteln, und er fand ihn. Das örtlich sich verändernde Element der für Frankreich maßgebenden Verhältniszahl war das Findelhaus. Dorthin gelangten auch außerhalb Paris gebotene Kinder, und in letzterem Fall, wie die Zahlen beweisen, mutmaßlich meistens Mädchen. Von 1749 bis 1809 nahm das Findelhaus 163.499 Knaben, 159.405 Mädchen, also beiläufig in dem Verhältnis 39 zu 38 auf, was noch ungünstiger für die Zahl der Knaben als jenes Pariser Verhältnis war. Wurden die Findelkinder ganz weggelassen, so zeigten die Pariser Geburten dasselbe Zahlenverhältnis, wie die aus den 30 Departements, das Verhältnis 22 zu 21.

In diesem Beispiel hat also die Wahrscheinlichkeitsrechnung dahin geführt, zuerst für eine bestimmte Regelwidrigkeit eine regelmäßig wirkende Ursache zu erschließen und infolge dieses Schlusses die Ursache selbst zu erkennen.

Ein anderes Beispiel eines ähnlichen Verfahrens will ich einem ganz anderen Gebiet der Wissenschaft entlehnen, der Astronomie.

Als allgemein bekannt darf vorausgesetzt werden, dass nach dem gegenwärtig als richtig angesehenem Weltsystem, die Planeten sich in ihrer kegelschnittförmigen Bahn um die Sonne bewegen, bestimmt einesteils durch eine einmal auf irgendeine Weise erlangte, nach der Berührungslinie an die Bahn gerichtete Geschwindigkeit, andernteils durch die Anziehung der Sonne. Diese Anziehung denkt man sich nun freilich nicht als eine der Sonne allein, man möchte sagen persönlich innewohnende, sondern als allgemeine Massenanziehung. Jeder Planet wird angezogen und zieht an gleich wie die Sonne, und die Wirkung eines jeden größeren Planeten wird bemerkbar bei den Bahnen der ihm im Sonnensystem zunächst verlaufenden, seiner Anziehung vorzugsweise unterworfenen Planeten. Das sind die sogenannten Störungen, welche der Astronom unter Voraussetzung der Kenntnis der Massen der einzelnen Planeten und ihrer Bahn im Allgemeinen vorauszuberechnen imstande ist, und sich so die genaue Bahn der unserer Sonnenwelt angehörenden Körper verschafft. Für die wichtigeren Planeten war in den ersten 40 Jahren des letzten Jahrhunderts die Rechnung genau ausgeführt und stimmte auch, abgesehen von einer einzigen Ausnahme, in befriedigender Weise mit der Beobachtung.

Allein Uranus, seit dem 13. März 1781 durch William Herschel entdeckt, wollte sich nie an den vorausbestimmten Punkten des Himmels einfinden. Die Störungen durch die bekannten großen Planeten, durch Jupiter und namentlich durch Saturn, reichten nicht aus, den unregelmäßigen Lauf des Uranus zu erklären. Schon 1840 entnahm Bessel daraus Veranlassung zu den Worten[17]: „Ich meine, dass eine Zeit kommen werde, wo man die Auflösung des Rätsels vielleicht in einem neuen Planeten finden werde, dessen Elemente aus ihren Wirkungen auf den Uranus erkannt und durch die auf den Saturn bestätigt werden könnten."

Das ist ein Schlussverfahren ganz verwandter Natur, wie ich es vorher von Laplace mitteilte. Die Zahlen der häufig angestellten Beobachtungen stimmten nicht mit den aus anderen Beobachtungsreihen erhaltenen Zahlen überein. Die große Wahrscheinlichkeit eines örtlich wirkenden Einflusses war gewonnen und mit ihr der Wunsch, diesem Einfluss auf die Spur zu kommen. Le Berrier hat das nicht bestrittene Verdienst, durch eine äußerst mühselige umgekehrte Störungsrechnung das Vorhandensein jenes neuen Planeten endgültig bewiesen und dessen Bahn, ohne jede Beobachtung des Planeten selbst, so genau bestimmt zu haben, dass es Galle am 23. September 1846 gelang, den Neptun aufzufinden.

Mit fast schwindelnder Bewunderung erfüllen uns solche Wagnisse des menschlichen Geistes, erfüllt uns der Gedanke, dass solche Wagnisse mit Erfolg gekrönt sein konnten. Wahrlich kein geringfügiges Werkzeug kann es sein, welches Aufgaben von der genannten Art bewältigen hilft, und so steigt unwillkürlich wieder das Ansehen, in welchem die Wahrscheinlichkeitsrechnung bei uns zu stehen hat, zu Anfang dieses Büchleins vielleicht überschätzt, dann zu gering geachtet, jetzt ihren wirklichen Wert enthüllend. Aber wir sind noch nicht am Ende. Ich habe zugesagt noch auf eine weitere Anwendung der Wahrscheinlichkeitsrechnung die Aufmerksamkeit zu richten, und das Gesetz der großen Zahlen dahin auszunutzen, dass die Rückverfolgung des Weges von den Ereignissen zu ihren Beweggründen mindestens versucht werde, und zwar auf einem Gebiet, das dem Menschen am erforschungswürdigsten erscheinen muss, denn es ist kein anderes als das Seelenleben des Menschen selbst. Die sogenannte Moralitätsstatistik gebietet ein letztes Verweilen.

Schon Jakob Bernoulli war die unermessliche Tragweite des von ihm entdeckten Grundgedankens der nach dem Gesetz der großen Zahlen herstellbaren Wahrscheinlichkeit a posteriori, nicht entgangen. In der unvollendet gebliebenen IV. Abteilung seiner ars conjectandi wollte er — die Überschrift gibt darüber Auskunft[18] — den Nutzen und die Anwendung der vorangegangenen Lehren auf staatliche, moralische und ökonomische Verhältnisse zum Gegenstand der Untersuchung machen. Das Jahr 1699 sah hierauf in England zwei absonderliche Schriften erscheinen: die mathematischen Prinzipien der christlichen Theologie von John Craig und eine anonyme Abhandlung in der von der Londoner Königlichen Gesellschaft veröffentlichten Sammlung über die Glaubwürdigkeit von Zeugnissen, beide ohne wissenschaftlichen Wert [19]. Nikolaus Bernoulli, der Neffe und der Herausgeber der nachgelassenen Schrift des Jakob Bernoulli, wie ich schon früher erwähnt habe, zugleich geistreicher Mathematiker und feiner Jurist, setzte das Werk des Onkels gewissermaßen fort, indem er 1709 ein Büchlein über die Anwendung der Wahrscheinlichkeitsbetrachtungen auf das Rechtswesen herausgab. Er entwickelte darin mit Rücksicht auf die aus den Sterblichkeitslisten ersichtliche mittlere Lebensdauer, wann ein Verschollener als tot anzusehen sei und entschied sich für denjenigen Zeitpunkt, nach welchem von 3 Altersgenossen des Abwesenden in der Heimat 2 gestorben sein würden, wonach also die wahrscheinliche Lebensdauer in der Auffassung dieses Schriftstellers von der des Halley, der unter 2 Altersgenossen einen gestorben wissen wollte, wesentlich verschieden ist, wie überhaupt diesem Begriff im Gegensatz zu der stets zweifellosen mittleren Lebensdauer immer etwas Willkürliches und darum von einem Buch zum andern oftmals Wechselndes anhaftet.

Außerdem untersuchte unser Verfasser den Wert zweifelhafter Schulden, die Gründung von Ausstattungskassen und die Wahrscheinlichkeit, ob ein Angeklagter schuldig sei oder nicht, je nach der

Anzahl der gegen ihn vorliegenden Zeugnisse, eine Zusammenstellung ziemlich bunter Natur. Es war ein eigentümliches, neckisches Spiel, dass im Jahr 1744 der Gerichtshof zu Basel einmal nach der Verschollenheitslehre von Nikolaus Bernoulli in einem Rechtsfall entschied, bei welchem es sich um ein Vermächtnis handelte, welches einem unbekannt wo Abwesenden und falls dieser tot war, unmittelbar seinen Kindern in Basel zufallen sollte. Unter der letzteren Voraussetzung, welche das Gericht als vorhanden annahm, gingen die Gläubiger des verschollenen Vaters leer aus. Einer der Gläubiger, der durch diese Entscheidung mit seinen Ansprüchen an die Erbmasse abgewiesen wurde, war kein anderer als Nikolaus Bernoulli selbst[20].

Eine andere Richtung wieder schlugen seit der Mitte des XVIII. Jahrhunderts Daniel Bernoulli und Buffon ein, welche die moralische Erwartung in Rechnung brachten [21], d. h. nachzuweisen suchten, dass eine Summe stets einer zweifachen Wertschätzung bedürfe, als Summe überhaupt und als Bruchteil des Vermögens dessen, dem sie gegeben, beziehungsweise genommen werde. Auch hier wieder ist die Wissenschaft nur die Dolmetscherin des natürlichen Menschenverstandes, der sehr wohl begreift, dass eine Ausgabe von 10 M. weit entfernt ist, die gleiche zu sein, wenn sie aus der Tasche eines Handwerkers oder eines Millionärs fließt. Condorcet, einer jener von der selbstmörderischen Gier der Französischen Revolution verschlungenen Parteiführer, ein Mitglied der sogenannten Gironde, wandte die Wahrscheinlichkeitsrechnung auf die Entscheidungsgründe von Gerichten und von politischen Versammlungen an [22]), höchst merkwürdige Untersuchungen, in deren Bereich auch die Frage nach der besten Wahlgesetzgebung fällt. Aber alle diese Anwendungen bilden doch nicht die Moralitätsstatistik, wenngleich das Wort Moralität dabei nicht selten in Gebrauch trat.

Die Gesetzmäßigkeit scheinbar willkürlicher menschlicher Handlungen

Unter Moralitätsstatistik hat man vielmehr zu verstehen, was ein Schriftsteller teilweise richtig die Gesetzmäßigkeit in den scheinbar willkürlichen menschlichen Handlungen nennt. Es ist ein Untersuchungsgebiet, das erstmalig durch Süßmilch 1742 in einer Schrift berührt wurde, welche mit den ersten Worten des mehrere Zeilen füllenden Titels „Die göttliche Ordnung" überschrieben ist, und das danach der allgemeinen Bearbeitung durch Quetelet seit 1830 überwiesen wurde.

Ich nannte die angeführte Definition nur teilweise richtig, weil in derselben ein Urteil enthalten ist, welchem ich wenigstens nicht beistimmen kann, und welches zu fällen der Moralitätsstatistiker als solcher keinesfalls genötigt ist. Ob menschliche Handlungen willkürlich sind oder scheinen, mit anderen Worten, ob der Mensch frei ist, ob bestimmt in allem seinen Thun und Lassen, die Frage ist wahrlich von zu großer Tragweite, um nebensächlich entschieden zu werden, solange die Entscheidung noch irgendeinem Zweifel unterworfen ist. Außerdem bedarf die Wahrscheinlichkeitsrechnung dieser Entscheidung nicht. Rede man doch einfach von der Gesetzmäßigkeit der als willkürlich bezeichneten menschlichen Handlungen, so greift man der Berechtigung oder Nichtberechtigung jener Bezeichnung nicht vor, man schafft nur aus dem Beginn der Untersuchung einen Streitpunkt weg, über welchen die Arbeitsgemeinschaft gleich tüchtiger, aber über jenen Punkt verschieden denkender Männer in die Brüche gehen kann, und man beeinflusst nicht im Geringsten die Freiheit der Folgerungen, für welche auch der entschiedenste Determinist in die Schranken zu treten pflegt. Wenn wir eine Liste der Selbstmorde vor uns haben, eine zweite Liste der Verbrechen, welche gegen Andere begangen wurden, eine dritte Liste der Verurteilungen und Freisprechungen, welche von den Gerichten ausgingen u. s. w., so können wir die Gleichmäßigkeit, die Gesetzmäßigkeit der hier auftretenden Zahlen zum Ausgangspunkt von Schlussreihen benutzen, welche kaum verschieden ausfallen, wie man sich auch zu der heiklen Frage menschlicher Freiheit oder Unfreiheit stellen mag. Dass z. B. in demselben Land innerhalb der verhältnismäßig kurzen Zeit, seit welcher solche Aufzeichnungen vorgenommen werden, sich Zahl und Art der Verbrechen Jahr für

Jahr genauso wiederholen, wie irgend andere, auf verwickelte Ursachen zurückführbare Ereignisse, das ist eine Regelmäßigkeit, die uns erstaunen, überraschen kann. Ja, das Jahresbudget, welches die menschliche Gesellschaft dem Strafvollzug zu zahlen hat, wie ein oft wiederholtes Wort Quetelets lautet, kann uns mit Entsetzen erfüllen, aber leugnen lässt sich die Tatsache nicht. Ist sie nun vorhanden, woran niemand mehr zweifelt, und was ist daraus zu folgern? Nur soviel, dass nach dem Gesetz der großen Zahlen dieselbe Regelmäßigkeit andauern werde, solange dieselben Verhältnisse stattfinden. Mehr folgern zu wollen, wäre heute ebenso leichtfertig, als es Selbstverblendung wäre, jene Regelmäßigkeit nicht sehen zu wollen. Ob insbesondere die genannten Verhältnisse nur durch die Lage und die klimatische Verschiedenheit der einzelnen Länder, ob durch die Höhe der Kornpreise, ob durch den moralischen Entschluss der das Volk ausmachenden einzelnen Menschen gebildet werden, das ist eine Frage, welche mit dem gegenwärtigen Material um so weniger beantwortet werden kann, als dasselbe nicht nur zeitlich, sondern sich auch räumlich sehr eingeschränkt fast ausschließlich auf Perioden und Länder bezieht, welche in jeder der genannten Beziehungen aufs Engste verwandt sind.

Mit der Abweisung der Beantwortung der Frage nach der Verantwortlichkeit für verbrecherische menschliche Handlungen auf Grundlage des gegenwärtigen Materials scheine ich eine künftige Beantwortung als möglich in Aussicht zu stellen, und in der Tat ist das meine zuversichtliche Hoffnung, deren Entwicklung meine Schlussworte bilden sollen.

Freiheit des Menschen, Bestimmtheit des Menschen! Dieser Gegensatz schließt den weiteren Gegensatz der Möglichkeit und Unmöglichkeit moralischer Vervollkommnung mit ein, denn ohne Freiheit gibt es überhaupt keine Moralität. Wem die Letztere mehr ist, als ein aus Buchstaben zusammengesetztes Wort, wer mit dem Dichter des Glaubens ist: „Die Tugend, sie ist kein leerer Wahn, der Mensch kann sie üben im Leben", der, aber auch nur der darf der Gesetzgebung eine andere als bloß strafende Aufgabe stellen, darf der Strafe eine andere Begründung geben, als die der Verhinderung an der Verübung weiterer, dem Einzelnen oder der Gesamtheit schädlichen Handlungen. Noch sind — freuen wir uns dessen — die gesetzgebenden Kräfte aller Staaten von der Möglichkeit, auch anderer als bloß abwehrender Gesetze erfüllt. Hebung des Wohlstandes der Völker wird durch Entfesselung ihrer wirtschaftlichen Fähigkeiten, höhere Bildung derselben durch Verbesserung des Schulwesens beabsichtigt und angebahnt. Hier öffnet sich ein Versuchsfeld, wie die Naturforscher es lieben, um sich zu überzeugen, ob der Veränderung absichtlich unterworfene Bedingungen auf ein Ereignis von Einfluss seien oder nicht. Man lasse der Gesetzgebung Zeit, die Wirkung auszuüben, welche sie beabsichtigt, und man versäume es nicht, inzwischen die Verbrecherlisten und ähnliches statistisches Material aller Arten sorgfältig anzusammeln. Wenn der Mensch nichts ist, als eine gezähmte Bestie, vor Kette und Peitsche sich hütend, so lange nicht die erregte Leidenschaft ihn der wilden Naturanlage zurückgibt, so wird es keiner Gesetzgebung der Welt gelingen, die Verbrechen zu mindern, dem Strafvollzug sein Budget zu schmälern. Wenn aber umgekehrt der Mensch innerhalb der Schranken, welche ihm Natur und Gewohnheit gesetzt haben, nur einen Fußbreit frei ist, wenn er vermöge dieser Freiheit seinen Charakter zu veredeln imstande ist, dann müssen bei guten bürgerlichen Einrichtungen die Spuren dieser Veredlung vielleicht nach Jahrzehnten, vielleicht nach einem Jahrhundert erst in den Verbrecherlisten wahrnehmbar sein. Man hat sehr fein die Entscheidung, ob der Mensch frei sei, ob nicht, von der Tatsache des Vorhandenseins, des Nichtvorhandenseins des menschlichen Gewissens abhängig gemacht[23]. In der Moralitätsstatistik ist dem Gewissen der Menschheit Gelegenheit gegeben, sich zu äußern.

Anmerkungen

1) An dieser Meinung halten wir auch noch fest, trotz der gegenteiligen mit großer Emphase verkündigten sogen. Entdeckungen von Rud. Falb.

2) Diese Bemerkung wurde zuerst von Libri gemacht. Vergl. dessen Histoire des sciences mathematiques en Italie depuis la renaissanoe des lettres jusqu'ái la tin du dix-septieme siecle. T. II. pag. 188 Note 1 (Paris 1838). Eine Aufgabe der Wahrscheinlichkeitsrechnung mit falscher Auflösung findet sich auch in der 1494 gedruckten summa des Luca Pacioli.

3) Das Lebensbild von Blaise Pascal mit besonderer Hervorhebung seiner wissenschaftlichen Leistungen war der Gegenstand eines Vortrages, welchen ich in den Preußischen Jahrbüchern Bd. XXXII., S. 212—237 (Berlin 1873) veröffentlicht habe.

4) Eine allgemein verständliche, höchst anziehend geschriebene Biographie Fermat's von Libri in der Revue des deux mondes für 1845. Wissenschaftlicher gehalten ist Brassinne, Précis des oeuvres mathematiques de P. Fermat et de l'arithmetique de Diophante. Paris 1853. 80.

5) Die Abhandlung De ratiociniis in ludo aleae, datirt Haag 27. April 1657 veröffentlichte Huyghens als Anhang zu Francisci a Schooten Exercitatonium mathematicarum libri quinque. Leiden 1657.

6) Vergl. den im Originale in holländischer Sprache verfaßten 43.Brief Spinoza's, der unter dem Datum 1. October 1666 an J. v. M., eine bis jetzt noch unermittelte Persönlichkeit, gerichtet ist. Die Uebersetzung in J. H. von Kirchmaum Philosophische Bibliothek, Bd. 46, „Spinoza's Briefwechsel" S. 145-—147. Berlin 1871.

7) Hoc igitur est illud Problema quod evulgandum hoc loco proposui, postquam jam per vicennium pressi, et cujus tum novitas tum summa utilitas cum pari conjuncta difficultate omnibus reliquis hujus doctrinae captibus pondus et pretium superaddere potest. (Ars conjectandi pag. 227, Basel 1713).

8) Poisson, Recherches sur Ia probahilite des jugements en matiere criminelle et en matiere civile. Paris 1837. Ueber das Gesetz der großen Zahlen (loi des grands nombres) vergl. insbesondere Kap. 3 und 4. Poisson ist 1781 geboren, 1840 gestorben.

9) Die Methode der kleinsten Onadrate ist von Gauß veröffentlicht in seiner Theorie motus corporum coelestium S. 205 ff., Hamburg 1809; doch war er damals, wie er ausdrücklich erklärt, schon 14 Jahre im Besitz der Methode, deren er sich seit 1795, also seit seinem 18. Jahre, bei Berechnung von Planetenbahnen bediente. Dass Legendre die Priorität der Veröffentlichung der Methode in den "Nouvelles méthodes pour la détermination des orbites des comètes" (Paris 1805) zukommt, ist dagegen allerdings richtig.

10) Vergl. An estimate of the degrees of the mortality of mankind drawn from curious tables of the births and funerals at the city of Breslaw with an atttempt to ascertain the price of annuities upon lives by Mr. E. Halley, R. S. S. in den Philosophical Transactions für 1693, S. 596 und 654. Dass Halley von den Listen der Stadt Breslau ausging, gibt seiner Hypothese einen gewissen Halt. Dort nämlich war damals die Bevölkerung thatsächlich fast stationär, indem der Ueberschuß der Geburten über die Todesfälle zwar vorhanden, aber nicht größer war als etwa die Zahl

derjenigen jungen Leute, welche jährlich der Stadt entzogen wurde, um in das kaiserliche Heer eingereiht zu werden, wie Halley ausdrücklich bemerkt.

11) Eulers Recherches generales sur la mortalité et la multiplication du genre humain in den Mámoires de l'Académie de Berlin für 1760.

12) Ad legem Falcidiam XXXV., 2, 68.

13) Jan de Wit, De waarde van de lyfrenten na proportie van de losrenten. Haag 1671. Diese Schrift, welche der unglückliche Großpensionar von Holland etwa ein Jahr vor seiner Ermordung durch den Haager Pöbel veröffentlichte, scheint sehr rasch ungemein selten geworden zu sein. Leibnitz gab sich wenigstens vergebliche Mühe ihrer habhaft zu werden, wie Montuela, Histoire des mathematiques III., 407 erzählt.

14) Das Verhältnis der Knabengeburten zu den Mädchengeburten, mitunter auch Sexualverhältnis genannt, wird meistens nicht in ganzen Zahlen, wie hier im Texte, sondern so angegeben, dass man die Zahl der Mädchen als 100 voraussetzt und darnach nur die Zahl der Knaben, gemeinhin eine Bruchzahl enthaltend, ausspricht. So heißt das Verhältnis 17 zu 16 einfach 106,25 u.d.m. Wilh. Stieda fand in seiner Abhandlung: Das Sexualverhältnis der Geborenen, eine statistische Studie. Straßburg 1875, das Verhältnis für Elsaß-Lothringen im Wert von 106,27, gestützt auf 100590 in den Jahren 1872 und 1873 vorgekommenen Geburten.

15) Vergl. Ludw. Moser, die Gesetze der Lebensdauer S. 210, Berlin 1839.

16) Die höchst interessanten Untersuchungen von Laplace, von welchen hier die Rede ist, sind in dessen Theorie analytique des probubilitás, Nro. 28 und 29, pag. 377−384, Paris 1812 erstmalig veröffentlicht.

17) Die angeführten Worte Bessel's stammen aus einem Briefe desselben vom 8. May 1840 an Alexander v. Humboldt, aus welchem dieser ein Bruchstück in seinem Kosmos Bd. III., S. 555—556 abdrucken ließ.

18) Artis conjectandi pars quarta tradens uzum et applicationem praecedentis doctrinae in civilibus, moralibus et oeconomicis (Ars conjectandi pag. 210).

19) John Craig, Theologiae christianae principia mathematica. London 1699; in diesem Buche verkündigt der Verfasser, selbst Geistlicher zu Gillingham, das Ende des Christentums auf das Jahr 3153. Die anonyme Abhandlung A calculation of the credibility of human testimony steht in den Philosophical Transactions für 1699, pag. 359—365.

20) Vergl. Merian, die Mathematiker Bernoulli, S. 37. Basel 1860. Von der Dissertation des Nicol. Bernoulli ist ein Auszug in dem IV. Supplementband der Acta Eruditorum abgedruckt

21) Daniel Bernoulli führte den Begriff der moralischen Erwartung 1738 bei Gelegenheit des sogen. petersburger Problems in die Wissenschaft ein; seine erste daran bezügliche Abhandlung:

Specimen theoriae novae de mensura sortis in Comment. Acad. Petropolit. T. V. Buffon's Essai d'arithmetique morale um 1760 geschrieben, erschien erst 1777 im IV. Supplementbande zu der großen Naturgeschichte desselben Verfassers.

22) Condorcet's Arbeiten in den Recueils de l'Académie des sciences für die Jahre 1781 bis 1784 und in dem Essai sur l'application de l'analyse á la probabilité des decisions. Paris 1785.

23) Über das Problem der menschlichen Freiheit (Heidelberger Prorektoratsrede von Kuno Fischer, gehalten am 22. November 1875). S. 24 ff.

BUCHTIPPS

Abrupte Klimaschwankungen seit 2000 Jahren

Lokale und kosmische Ursachen eines Klimawandels. Herausgeber: Sedlacek, Klaus-Dieter (Hrsg.). Innerhalb der letzten zwei Jahrtausende sind verschiedene abrupte Klimaschwankungen nachweisbar. Der fortwährende Wandel des Klimas verzeichnete allein fünf große Klimaepochen und zahlreiche ...

Anleitung zum Roman-Schreiben

Wie man anfängt, einen Plot entwickelt und eine gute Geschichte erzählt. Autor: Wilde, Oliver J. Sie wollen einen Roman schreiben? Das ist toll! Aber begnügen Sie sich nicht damit, nur einen Roman ...

Besseres Gedächtnis

Wie man es stärkt, trainiert und einsetzt. Autor: Atkinson, Wilhelm Walker. Viele Menschen scheinen zu glauben, dass Erinnerungen einfach kommen und nicht gefördert werden können. Aber der Trugschluss einer solchen Vorstellung wird ...

Der erdgeschichtliche Klimawandel

Den wahren Ursachen von Klimaschwankungen auf der Spur. Autor: Wilhelm Bölsche , Klaus-Dieter Sedlacek (Hrsg.). Der Klimazustand während der letzten Jahrhunderttausende ist im Wesentlichen auf den Einfluss von Sonneneinstrahlung zurückzuführen, die ...

Der verborgene Mechanismus des Weltgeschehens

Der verborgene Mechanismus des Weltgeschehens Neue Erkenntnisse über die Gestalten biotechnischer Systeme der Welt Autoren: Sedlacek, Klaus-Dieter; Francé, Raoul H. Seit Jahrtausenden ist die Menschheit bestrebt, die Welt, in der sie lebt, erkennen ...

Die geheimnisvolle Kultur der alten Kelten

Von Druiden, Fürstensitzen und der Lebensart unserer frühgeschichtlichen Vorfahren. Autor: Grupp, Georg Die Kelten zeichneten sich aus durch hohes handwerkliches Können, Handelsbeziehungen bis in den Süden Europas und tollkühnem Mut, der den ...

Die Kultur der Azteken

Mit einem Anhang Große Landesausstellung Baden-Württemberg „Azteken" im Lindenmuseum. Autor: Prescott, William. „Von dem ganzen ausgedehnten Reich, das einst die Herrschaft Spaniens in der Neuen Welt anerkannte, ist kein Teil an Wichtigkeit ...

Die letzten Ursachen

Das Buch der Naturerkenntnis. Hrsg.: Sedlacek, Klaus-Dieter. Die klassischen physikalischen Theorien, zum Beispiel die klassische Mechanik oder die Elektrodynamik, haben eine klare Interpretation. Den Symbolen der Theorie wie Ort, Geschwindigkeit, Kraft beziehungsweise ...

Durchblick Chemie

Praktische Grundlagen und Einführung in die anorganische, organische und Biochemie Klaus-Dieter Sedlacek, Lassar Cohn, Walther Löb Wollen Sie in unserer modernen Welt mitreden? Dann brauchen Sie den Durchblick! Dazu gehören auch Grundkenntnisse ...

Einfach logisch denken!

Oder die Gesetze des Denkens. Autor: Atkinson, Wilhelm Walker In diesem Buch werden die Methoden und Prinzipien der korrekten Anwendung des Denkvermögens aufgezeigt, und zwar auf eine einfache und klare Weise, ohne ...

Einsteins Relativitätstheorie ganz ohne Mathematik

Spezielle und allgemeine Relativitätstheorie Paul Kirchberger , Klaus-Dieter Sedlacek (Hrsg.) Man wird nicht selten gefragt, ob man eine Schrift wisse, die in die Einsteinsche Theorie für Laien so einführen könne, dass ...

Epigenetik-Experimente

Neuvererbung oder Beweise für die Vererbung erworbener Eigenschaften? Autor: Kammerer, Paul Der Biologe Paul Kammerer wurde durch seine Aufsehen erregenden Experimente zur Epigenetik berühmt. In einer seiner Versuchsserien verwendete er zwei Arten ...

Freizeitvergnügen Sternenhimmel mit bloßem Auge

Wie man Sternbilder auffindet ohne Instrumente. Autor: Kirchberger, Paul. Der Anblick des gestirnten Himmels ist das Größte, das uns die Natur zu bieten vermag, und kein empfängliches Gemüt kann sich seinem Eindruck ...

Gestalt-Psychologie

Einführung in die neue Psychologie vom Begründer der Gestaltpsychologie Kurt Koffka , Klaus-Dieter Sedlacek (Hrsg.) Kurt Koffka hat als forschender Psychologe für dieses Buch zur Einführung in die Psychologie einen besonderen ...

Im dunkelsten Afrika

Die legendäre Emin-Pascha Expedition. Autor: Stanley, Henry M. Im Sudan, der ab 1821 unter die Herrschaft der osmanischen Vizekönige von Ägypten gekommen war, brach 1881 der Mahdiaufstand aus. Nach dem Abzug der ...

Klimaänderungen und Klimaschwankungen

Ursachen, historische Fakten und kosmische Einflüsse, sowie ein Anhang „Mittelalterliche Warmzeit" Eduard Brückner, Julius Hann , Klaus-Dieter Sedlacek (Hrsg.) Größere Klimaänderung und Klimaschwankungen können nicht ohne einen tiefgehenden Einfluss auf das ...

Kultur erleben mit dem Wohnmobil in Frankreich

Vierzig kulturelle Highlights, Park- und Übernachtungsplätze sowie Navigations-Koordinaten Klaus-Dieter Sedlacek (Hrsg.) Dieser Wohnmobilführer ist anders. Er hilft uns, Kulturerlebnisse zu einem Genuss werden zu lassen. Er enthält die Beschreibung von vierzig kulturellen ...

Leben in der Warmzeit der Erde

Aus den Urtagen vor dem heutigen Klimawandel Wilhelm Bölsche , Klaus-Dieter Sedlacek (Hrsg.) Der Weltklimarat schlägt Alarm. Die Lage spitzt sich zu: Die Erde erwärmt sich immer mehr. In diesem Buch geht ...

Leonardo da Vinci

Seine naturwissenschaftlichen Studien und genialen Erfindungen Hermann Grothe , Klaus-Dieter Sedlacek (Hrsg.) Leonardo da Vinci versuchte, ein Phänomen zu verstehen, indem er es genau beobachtete und bis ins kleinste Detail beschrieb ...

Liebesbeziehungen und deren Störungen

Lebensführung nach den Grundsätzen der Individualpsychologie. Autor: Alfred Adler , Klaus-Dieter Sedlacek (Hrsg.). Um einen Menschen ganz kennenzulernen, ist es notwendig, ihn auch in seinen Liebesbeziehungen zu verstehen ... Wir müssen ...

Massenpsychologie am Beispiel Jan Bockelsons

Geschichte eines Massenwahns mit einer Einführung von Sigmund Freud Friedrich Reck-Malleczewen , Klaus-Dieter Sedlacek (Hrsg.) Der Begriff Massenhysterie oder auch Massenwahn bezeichnet eine starke emotionale Erregung in großen Menschenmengen. Auch massenhaft ...

Meine erste Weltumseglung

Tagebuch einer epochalen Expedition James Cook , Klaus-Dieter Sedlacek (Hrsg.) James Cook unternahm seine erste Weltumseglung im Rahmen einer wissenschaftlichen Expedition, um den Durchgang des Planeten Venus vor der Sonnenscheibe – ...

Mit der Beagle um die Welt

Bericht meiner Forschungsreise zum Galapagos-Archipel Charles Darwin , Klaus-Dieter Sedlacek (Hrsg.) Auszug aus Darwins Reisebericht: Ich habe die Reise mit zu tief empfundenem Entzücken gemacht, als dass ich nicht jedem Naturforscher empfehlen ...

Peking – Paris im Automobil

Die legendäre 16.000 km – Rallye 1907. Autor: Barzini, Luigi. „Gibt es jemanden, der diesen Sommer eine Fahrt per Automobil von Peking nach Paris unternehmen wird?", fragte die Pariser Zeitung Le Matin ...

The great god Pan / Der große Gott Pan – zweisprachig

Horror story English – German / Horror Geschichte Englisch – Deutsch. Autor: Machen, Arthur. The Great God Pan is a horror and fantasy novel by the Welsh writer Arthur Machen. Machen was ...

Treibhauseffekt und Klimawandel

Energiewende, ja bitte, aber nicht wegen CO2. Von Sedlacek, Klaus-Dieter (Hrsg.) Dieses Buch dokumentiert zum Thema Klimawandel und CO2 teils unbequeme wissenschaftliche Fakten bzw. Meldungen und die dazugehörigen Quellen. Sie sind eingeladen, ...

Unsterbliches Bewusstsein

Raumzeit-Phänomene, Beweise und Visionen – Taschenbuchausgabe Klaus-Dieter Sedlacek In diesem Buch geht es weder um Glauben noch um Esoterik, sondern um Beweise. Glaubwürdige, wissenschaftliche Beweise, die in eine Form gepackt sind, dass ...

Wege zur Physikalischen Erkenntnis

Meine wissenschaftliche Selbstbiographie, Reden und Vorträge Max Planck , Klaus-Dieter Sedlacek (Hrsg.) Diese erweiterte Neuauflage des Buchs „Wege zur physikalischen Erkenntnis" enthält neben der wissenschaftlichen Selbstbiographie folgende Vorträge: Die Einheit des physikalischen ...

Wie intelligent sind Pflanzen?

Sensationelle Einblicke in die geheime Seite des pflanzlichen Wesens Autoren: Wagner, Adolf; Sedlacek, Klaus-Dieter In diesem Buch behandeln die Autoren Fragen zum Thema Intelligenz und Bewusstsein bei Pflanzen und geben Antworten. Der ...

Wie man seinen Verstand benutzt

Und seine Willenskraft stärkt. Ein praktisches Handbuch der Psychologie. Autor: Atkinson, Wilhelm Walker. Der Mechanismus der psychischen Zustände – die geistige Maschinerie, mit deren Hilfe wir fühlen, denken und wollen – ...

https://leseproben.net